精进者的人文通识课

这就是伦理学

[日]田上孝一——著　　杨红霞 彭赛赛——译

SPM
南方出版传媒
广东经济出版社
·广州·

图书在版编目（CIP）数据

这就是伦理学 /（日）田上孝一著；杨红霞，彭赛赛译．—广州：广东经济出版社，2021.6

（精进者的人文通识课）

ISBN 978-7-5454-7731-3

Ⅰ．①这… Ⅱ．①田… ②杨… ③彭… Ⅲ．①伦理学 Ⅳ．① B82

中国版本图书馆 CIP 数据核字（2021）第 058981 号

著作权合同登记号：19-2021-056

责任编辑：周　炜
责任技编：陆俊帆

这就是伦理学
ZHE JIUSHI LUNLIXUE

出版人	李　鹏
出　版 发　行	广东经济出版社（广州市环市东路水荫路 11 号 11 ～ 12 楼）
经　销	全国新华书店
印　刷	三河市信达兴印刷有限公司 （三河市杨庄镇大窝头村西）
开　本	880 毫米 ×1230 毫米　1/32
印　张	6.75
字　数	140 千字
版　次	2021 年 6 月第 1 版
印　次	2021 年 6 月第 1 次
书　号	ISBN 978-7-5454-7731-3
定　价	48.00 元

北京营销中心地址：北京市东城区夕照寺街 14 号富瑞苑大厦 201
电话：（010）67138865　邮政编码：100061
如发现印装质量问题，影响阅读，请与本社联系
广东经济出版社常年法律顾问：胡志海律师

因此，我写下本书，希望它能对人们获得这种内心愉悦起到些许助力作用。

2010 年 10 月

田上孝一

目录

01 什么是伦理？

02 正义就是绝对正确的吗？

05 基于伦理来思考社会准则

01
什么是伦理？

01 伦理学是哲学吗？

伦理学即道德哲学

以前，有人在大学伦理学的课堂上，对学生做了问卷调查。问卷内容是“你对伦理学的认识”的相关问题。记得当时看到这样一个回答“本来以为是关于伦理学的课，结果讲的全都是哲学的内容，因此很吃惊”。看了这个回答后，我就在想，该吃惊的难道不应该是我吗？

“那是再正常不过的事情啊，伦理学讲的本来就是哲学的问题！”

但那之后，我就发现持有相同疑问的不仅仅是那位同学，似乎很多人都认为伦理学和哲学是两门不同的学问。而且他们普遍认为与哲学比起来，伦理学更加“艰涩”“难懂”。可我觉得：“难道不是哲学更难一些吗？”

之所以这么说，是因为伦理学所研究的全都是我们熟悉的切身问题。

那么，说到伦理学是不是哲学，我可以明确地说，伦理学是哲学。准确地讲，伦理学是哲学的一部分。因为伦理学研究哲学中的道德问题，它又被称为“道德哲学”。因此，历史上有名的伦理学家大多都是哲学家。在现代也有不少哲学家细化并专门研究伦理学。

在现代伦理学的研究中，“伦理”和“道德”两个词的使用是没有区别的。“伦理”和“道德”的词源意思都是“习惯”，并由此演变为“人类应该做的行为”之意。这期间，也有注意到这两个词并对此加以区别的哲学家，黑格尔便是其中的代表人物。黑格尔将康德的观点称为“道德性”，把自己的观点称为“伦理”（人伦），以此加以区别。

小知识

格奥尔格·黑格尔（Georg Wilhelm Friedrich Hegel，1770—1831）：德国哲学家。他基本在哲学的所有领域都进行过独创性的论述。其政治哲学方面的主要著作《法哲学原理》（1821）中的市民社会理论，领先于凯恩斯主义的福利国家制度，其内容即使在现代也含有深厚的意义。

根据黑格尔所述，康德只是研究个人应该如何做，这仅仅是停留在“个人道德”层面。但是，每一个个体只有在社会中才能完成自我实现。个人如何生存取决于这个人从属于何种共同体。因此，一个良好社会的应有（理想）状态是我们所追求的，而这个应有（理想）的状态就是伦理（人伦）。对于黑格尔来说，伦理是不同于道德的，它超越了停留在个人层面的道德，是一种“共同体的学问”。

那么，对于伦理和道德，我们应该如何思考呢？关于这一点，现代伦理学有着明确说明。在现代伦理学中，虽然没有区分伦理和道德，但并不是没有像黑格尔那样的问题意识。相反，现代伦理学并未像黑格尔那样把个人和社会放在对立面，而是认为两者都是不容忽视的。

也就是说，伦理学不能只研究个人应该如何生活，还应研究好的社会是什么样的，也就是对个人和社会这两方面都进行研究。伦理是“个人的道德规范”，是“共同体的伦理”。如此可以得出结论：伦理学也是一门道德哲学。

02 伦理学中最重要的是什么？

实践的可能性

伦理学是一门研究个人和社会两者应有状态的学问。同时，它把“应该”称作“规范”。因此，也可以说伦理学是研究规范的学问。

研究个人规范和理想社会，也就是研究此刻过后将要到来的未来的状态。每个研究人员都要以自身生活的应有姿态作为立足点。一切研究抽象的、根本不存在的“人类”行为，都不足以被称为伦理学，只有在日常生活中，研究真实存在着的事物和人的行为，才是伦理学。

因此，在伦理学中最重要的是，不要将自己“束之高阁”。

希望别人那么做，而自己不想遵循的则不是伦理学。在伦理学中，一定要有“当事人意识”，即思考：“如果是自己，会怎么做呢”，这一点非常重要。因为如果现实中自己不做，还假设自己会执行的话，人们就会认真地思考其可能性。这个“真情、诚实”正是伦理学的关键所在。伦理学要求人们，说的话不背离自己的行为，最大限度地追求“言行一致”。

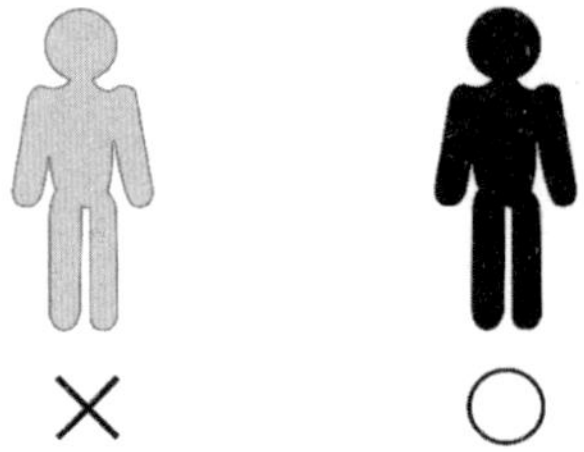

伦理学的基准

这一点使得伦理学有了一定的制约。这种制约就相当于伦理学理论的“实行难易程度”。伦理学的规范，必须处于一定难易程度的范围内。不论是多么完美的规范，如果标准过高，即使想要付诸行动以求达标，也很难执行。

特蕾莎修女[①]之所以受到大家的尊敬，是因为她做了我们常人不能做到的事情。即使我们宣扬“应该像特蕾莎修女那样”，多数人也是没办法执行的。我们说话之前要先问问自己能否做到，如果连自己都无法做到，那么说这样的话是不负责

① 特蕾莎修女：又称作德兰修女、泰瑞莎修女，是世界敬重的天主教慈善工作者，主要为印度加尔各答的穷人服务。特蕾莎修女于 1979 年获得诺贝尔和平奖。

任的行为。

当然，可能会有人说自己能够做到。但是，也还有别人做不到。伦理学说到底还是一门以诚实为主旨的学问。如果说“应该是那样的”，那就是真的希望它能够那样。为了变为实际希望成为的样子，那就必须让多数人都能够“执行”。虽说不把自己“束之高阁”是好的，但多数人都达不到的精英主义也是不可取的。

成为伦理学基准的并不是哪儿都不存在的抽象的人，而是随处可见的人，被称为“大众”“百姓”的人。他们虽然不能付出超人般的努力，但是只要想做就会努力进取。伦理学的制约就在于，其理论是必须停留在“普通人通过一般性的努力就能够实现”的范围内。

正是因为有这样的制约，它的理论才带有现实意味。本书后面会针对具体的规范进行研究，但是我依然希望大家能够时刻牢记这个制约范围。

规范伦理学、应用伦理学、元伦理学

这里简单地说明一下伦理学的整体内容。

1. 规范伦理学
2. 应用伦理学
3. 元伦理学

伦理学的区分

用哲学思辨的方法研究伦理问题——规范伦理学

之前多次提及的诸如“人应该如何生存”“对于人类来说理想社会应该是什么样的”的问题，都是关于“应该”如何的规范类问题，在伦理学研究中称它为“规范伦理学”。没有限定事件的伦理学和道德哲学，通常都是指“规范伦理学”。因此，历史上的哲学家所探究的是与规范伦理学相关的问题。伦理学本身就是规范伦理学。也就是说，规范伦理学是伦理学的核心。

小知识

规范伦理学：用哲学思辨的方法来研究伦理学中出现的问题，从事实出发，以伦理指导、辅佐社会生活，具有较强的实践性。如果离开规范伦理学及其研究，其他的伦理学形态也就没有存在的意义。因此，20世纪中期以后，规范伦理学又重新成为伦理学的主流。

但是，在复杂化的现代社会中，即使研究应该如何生存，也必须直面现代社会独有的诸类问题。

脑死亡状态是活着还是死亡了——应用伦理学

例如，很久以前人们就把生与死进行对比，但现代社会又出现了“脑死亡”这样在从前难以想象的“死亡方式”。

脑死亡指的是，虽然脑部已经丧失了机能，但心脏仍然跳动着，这种状态在生物学中仍然是存活状态。这是导入了针对幼儿哮喘发作而发明的“人工呼吸器”后产生的说法。人工呼吸器没有按照其本来的目的给幼儿哮喘患者使用，而是用在了不能自主呼吸的濒死重症者身上。脑死亡就是这类患者使用人工呼吸器时会偶然产生的一种“临床状态”。脑死亡患者意识不恢复，一会儿就会心跳停止，完全死亡。

这种情况下，脑死亡状态是活着还是死亡了？如果死是指从身体到“人格”的丧失，那么脑死亡状态就是死亡。另外，如果死亡是指身体的“生理机能”全部停止，那么脑死亡状态就不是死亡。

对于这个难题，即使向人类智慧的结晶——古典文献寻求答案，无论是哪一位先人都想不到还存在这种“死亡的方式”。

对于脑死亡等现代社会独有的问题，只依靠古典文献的解释很明显是不充分的，这是我们都应该明白的。这类问题，对于目前的伦理学来说，就类似于所谓的应用问题。因此，在现代伦理学中，“应用伦理学”作为研究这类问题的一个范畴开始崭露头角。

小知识

应用伦理学：这是一门研究如何将伦理学的基本原则应用在社会生活中的科学，也是对社会各个领域进行道德审视的科学。

随着社会复杂化，应用伦理学的研究范围也产生很多分支。例如，以下这些内容。

（1）研究关于脑死亡生命现象问题的“生命伦理学”。

（2）用伦理思维考察以全球变暖为首的环境问题的“环境伦理学”。

（3）随着计算机的普及而产生的研究各种各样伦理问题的“信息伦理学”。

（4）聚焦于科学技术飞速发展情况下，技术人员的社会责任的“工程师伦理学”。

（5）在承认竞争的资本主义制度下，尝试制定公平经营基准的“商业伦理学”。

（6）考察诸如能否使用兴奋剂的竞技公平性、体育的社会性意识等问题的 “运动伦理学”。

我们能够看到以上这些基于现代伦理学研究领域的应用伦理学具有多样性特征。

研究语言本身的“元伦理学”

伦理学以规范伦理学为中心，结合应用伦理学，在现代展开了很多讨论。但伦理学中还有一个“元伦理学”的分支。

小知识

元伦理学：最初由新实证主义者提出，并为后来各派沿用，形成了直觉主义伦理学、感情主义、语言分析学派、伦理自然主义等派别。是一门以逻辑学和语言学的方法来分析道德问题的科学。与“规范伦理学”相比，1903年摩尔《伦理学原理》一书的出版，是元伦理学兴起的标志。

说到人类应该做什么这个问题，答案是行善事。把这个“善”

放在各种状况中考察就是规范伦理学或应用伦理学。

但是，这么说起来，“应该”是什么呢？“善”又是什么呢？并不是研究具体应该干什么事情或者应该实现的善良，而是研究抽象的、更有本质意味的“应该”和“善”是什么的学问才是“元伦理学”。

换言之，是对“应该”和“善”的这种“对语言本身的探究”。他们虽然把“应该”“必须”“善”和“恶”等词语称作“道德语言”，但只有深入研究这些语言的才是元伦理学。

综上，规范伦理学、应用伦理学还有元伦理学是伦理学的几大分支。

本书最小限度地保留了学术上较晦涩难懂的元伦理学相关讨论。并且，为了使读者更好地理解伦理学的主要理论——规范伦理学，本书将积极地结合应用伦理学的成果进行解答。

04『价值』是伦理学和哲学的分界线

存在论、认识论、价值论

听起来很荒唐的问题竟然就是哲学

虽然本书之前有过“伦理学是哲学的一部分”的论述，但对于这一点需要再稍做说明。

对于“哲学是什么”的详细解说虽然不是研究伦理学的重点，但简单地说，“哲学就是对事物进行深入思考”。

如果真正深入地、透彻地思考的话，不知不觉就会到达比这更高，仅靠根源性的考察不可能达到的领域。那么，究竟“事物”是什么呢？“事物”可分为“物”和“事”，那这些究竟又指什么呢？“物”指“某个东西”，指其存在。“事”指“事情”，发生了、做了什么的意思。那么，“存在”又指什么呢？“发生”又是什么呢？“某个”指什么呢？“做”又是什么呢？

也许会有很多人认为：思考到这个程度有什么用呢？但是，这就是哲学，不断提出问题的就是哲学家。

很久以前，有一个哲学家叫莱布尼茨，他在数学方面的成就也广为人知。他提出：“为什么这个世界有东西存在，而不是空无一物呢？”也就是说，研究存在是为什么，不是空无一物又是为什么。如果神创造了世界，那么神若不创造的话，世界就不存在。那么，不存在这样的事情不也是可能的吗？

小知识

戈特弗里德·威廉·莱布尼茨（Gottfried Wilhelm Leibniz，1646—1716）：德国哲学家、数学家，通晓百家的巨匠。被誉为17世纪的亚里士多德。对于通常认识到的原子论，即由于运动导致相互作用为基本属性，莱布尼茨提出，世界是由不相互作用的原子即单子的“预定调和”作用构成的。在数学上，他因与牛顿分别单独创立了微积分法而广为人知。

这不就是看起来似乎有些可笑的“根源性”吗？但这就是哲学，莱布尼茨提出的问题可以说是标准的“哲学性提问”。

需要关注的是“存在”和“认识”

关于这类问题，我想对其思路的展开进行些许回溯。

本来这些问题如果探究到底的话，就会产生“存在”是什么的发问。“存在”这个词语在古希腊语中是“本体”（on）。

另外，“逻辑”的词源也同样来自古希腊语，“理性”一词同样也是。也就是说，探究“存在”的学问，是与“逻辑”和“理性”紧密相关的。

实际上，这也被引入现代英语，产生了“ontology”一词。日语中将其固定翻译为“本体论”（存在论）。也就是说，哲学的问题就是存在的问题。或者可以说，哲学的核心在于存在论。

但是，在此读者们应该就会产生疑问了。依据本体论，事物的真相即使已相当明了，也还是会存在“那真的就是事实吗”这样的疑问。即使已明确了事物的真相，但知道它的是人类，了解的内容也只是基于人类已有的知识。只要是人类的认识，就会产生谬误。那么，这些谬误又是怎么产生的呢？反过来说，怎样做才能消除谬误探寻到真相呢？

古希腊哲学家柏拉图将知识分为“信念”和“知识”。信念就是“不见得与事实相符”的认识；知识就是“与事实完全一致”的认识。另外，柏拉图把存在的这个东西、存在东西的这一事实称作事物的理念。

小知识

柏拉图（Plato，公元前427—前347）：古希腊哲学家。苏格拉底的弟子，亚里士多德的老师。他创办了“Akademeia”学校，这也是后世高等学术机构命名使用的“academy”（阿卡德米）一词的词源。柏拉图遗留下来的著作多以会话形式为主。他不仅在哲学方面贡献巨大，对后世的文学也产生了深远影响。英国数学家、哲学家怀特海对其的一句评价非常有名——“西洋哲学是对柏拉图的数量庞大的注释”。

能引领人们到达这个理念的是知识（真理性知识），柏拉图认为有必要确立一个独立的方法论——知识的理性。这也被引入了现代英语，有了“epistemology”一词。此词已固定翻译为“认识论”。

如此，哲学被看作由“存在论”和“认识论”构成的学问。但是，此处有最为重要的一点被忽略了。

哲学的第三个领域——“价值论”

“存在论”和“认识论”同时作用的对象是“事物”本身以及事物本身那般的“事实”。所谓事实，就是我们正常用“……就是……”或“……即……”来表述的东西。但是，我们的世界，并非所有事物都是用“……就是……”或“……即……”来表述的。

关于这一点，回顾一下我们的日常生活就能立刻明白了。

通常来说，我们的一天都是从起床开始的。如果睡得非常好，那么起床后就会神清气爽，这样当然是没问题的。但如果醒来后还是很困，总想继续睡的话又当如何呢？虽然很想继续睡，但那样的话就会迟到。因此，自己暗下决心“必须”起来，然后开始起床。时间太匆忙了，干脆不吃早饭了。但是，不吃早饭后面可能会饿，内心想着还是吃了早饭“比较好”，因此匆忙吃了早饭后出门。这时感觉要迟到了，平时乘坐的公交车可能赶不上了，于是小跑着去往车站。

仅这么一小部分的描写，大家应该发现我们没有用到“……

就是……”和“……即……”这类的表述。特别是我们有必要做一些选择时，就会表现在为寻求选择的基准而对其进行某些评价。对于“想要再睡一会儿”的欲求，“不能迟到”这一规范就成为选择的基准。这样无数次地反复进行这些微不足道的选择，就是我们的日常生活。

那么，如果我们的世界全都是由表示事实的“……就是……”和“……即……”所表述的事情构成的，那又会怎样呢？那将是一个被编写好程序没有任何选择余地的世界，我们不再是人，而将等同于机器人。

如此，我们能够明白，构成人类社会的不完全都是事实，还有对事实的“评价”和做出评价后可以进行选择的阶段。这些才是人类能够真正成为人类的缘由所在。

所谓评价，就是研究被评价对象的价值是什么。这个“第三领域”就是被称为“价值论”的领域，它同存在论、认识论一起形成了哲学的一个领域。

伦理学应属哪一个领域？

那么，本书所研究的伦理学应该属于哪一个领域呢？它属于第三领域的“价值论”领域。这是因为在伦理学中的“善恶”就是明确的价值本身。

但是，并不能说价值论就是伦理学。因为价值中还存在美的价值，以及类似以单纯的有用性为基准的这种从伦理性角度很难评判的价值。因此，可以说伦理学就是探究道德或者伦理性价值的“价值论的一部分”。

这样看的话，可能会感觉伦理学所研究的对象范围很狭小，但其实与之相关的哲学是一个很庞大的学问。虽说只是哲学的一部分，但它关系到人们能否成为优秀的人。这种能够直接追问“人类是什么”的学问才能够被称作伦理学。

小知识

斯多亚学派：是芝诺（Zeno，约公元前 336—约前 264）所开创的哲学学派。以禁欲主义为宗旨，将伦理作为义务体系展开论述，可以视为康德提出的义务论的先驱。它是古代最成功的哲学学派，后又成为古罗马帝国公认的官方哲学。其中有代表性的哲学家有代表罗马的雄辩家西塞罗、帝王哲学家马可·奥勒留、塞内卡等。

05『义务』是该无条件履行的吗？

完全义务、不完全义务

是否应该向癌症患者告知其病情

伦理学虽然是探究事物的善恶，为进行选择而寻求基准的学问，但其基准有时又会把执行的事情判断为“义务”。所以，义务是什么呢？义务是必须无条件履行的吗？又或是被附加了什么条件吗？

例如，“应该孝敬长辈”这一说法是以义务的形式表述的伦理规范的典型。若说这句话属于义务的范畴，很多人应该不会提出异议。还有“对人要热情一些”，这样的表述也是应该履行的义务的代表例子。那么，这些义务不论何时，不论何种场景都必须绝对执行吗？

有一些科学家试图把伦理作为“义务的体系”进行说明，还有人将义务分为“完全义务”和“不完全义务”。完全义务是指不论是什么场合都必须无条件履行的义务。不完全义务是指在能力范围内应该履行的义务。也就是说，二者是“绝对性命令”和“努力目标”的关系。

那么，如果义务都是完全义务会怎么样呢？举个例子，我们把“不能撒谎”看作一个完全义务。假设你是一名医生，某一天你面前出现了一位看起来脸色很差的患者。这个患者以前就常常感到肠胃不适，一直以来只是在药店买点药对付着。就这样，他肠胃的状况丝毫未见缓解，病情不断恶化，不仅变得没有食欲，还反复发生严重的便秘和腹泻。他想着这样下去可不好，于是来寻求你的帮助。

你对患者进行诊断，并立刻告诉患者此病非同寻常，建议他接受进一步的精密检查。几天后，检查结果出来了。患者的消化器官发生癌细胞病变，且已经大范围转移，已经没有办法采取有效治疗手段了。那么，你将怎么面对你的患者呢？

在最近的癌症治疗中，虽然建议尽可能地向患者告知其病情，但是应非常“慎重”。可是，假设你是一个把告知真相作为完全义务的义务论者。也就是说，你应该做的事情是向患者告知真相，尽可能正确且具体地告知患者为什么无法采取措施。

但是这样好吗？假设真的有这样的医生，那么患者会绝望，甚至可能会发生患者自杀的事件。这样一来，本该是拯救患者生命的医生，反而间接夺走了他的生命。

仅从这一案例就可以看出，在任何场合都把义务看作“绝对要执行”的这一观点是不妥的。但是，在得出结论之前，我会在下一小节就“完全义务”这一问题进行简短说明。

06『法律』是伦理的一部分

法律是应该遵守的最低限的规范

学术界似乎有这样的趋势，即认为义务是绝对的，这种观点是不对的。那么，可以说规范里没有绝对的义务（完全义务）吗？实际上，并非如此，因为我们的日常生活正是建立在大家都遵守完全义务的前提下的。

例如，“不能偷别人的东西”，这就是一个完全义务。那么，为什么不能偷别人的东西呢？如要详细说明，就必须提到“自我所有权”（个人主权）这一复杂概念，所以此处暂且不提。另外，“不可以伪造货币”也是一个完全义务。同样地，要说明其理由，话题就会推进到“国家是什么”这样的问题上，所以此处也暂且不提。

但是，只要我们列举出这些例子，大家应该就会明白，并产生“完全义务不就是法律吗”这样的想法。确实，完全义务就是法律。

我们的日常生活就处在无数个“应该这样”“不应该那样”的选择中间。其中最低限的规范，是让人们必须绝对遵守的，这是法律的主旨。

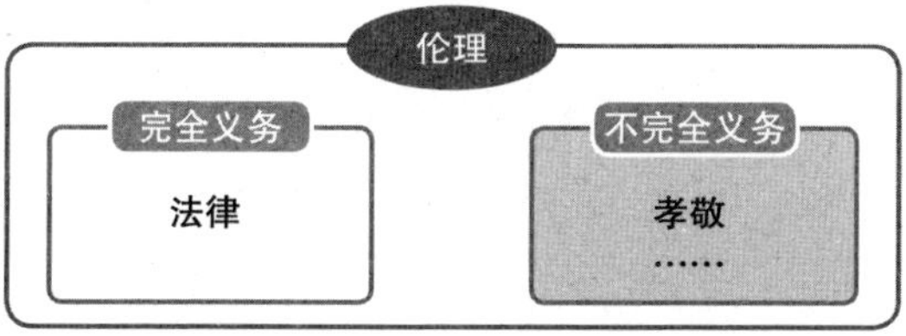

伦理研究的问题是“不完全义务”

同上，也正如大家立刻明白的那样，这些作为完全义务的法律遵守起来非常容易。如果不这样规定，大家很容易就会踏上犯罪的道路，社会就会变得混乱。

如此看来，把“法律”作为问题的规范和把“伦理”作为问题的规范的区别就很清楚了。把“伦理”作为问题的规范，并不会因为你没有履行义务就被问罪或被要求强制执行。因为说到底，这是基于自身的意志做出选择后执行的事情。

也就是说，义务中确实有绝对的完全义务，但与其说它是伦理范畴，不如说它属于法律领域。因此，把伦理作为问题的义务，终究是不完全的，只是“努力目标”的不完全义务。人们并不会因为不孝顺，对朋友不热情，就被处罚和责难。假设有把孝敬等作为完全义务要求人们强制履行的社会，那么在这样的社会生活应该会非常拘束，难以生存吧！

虽说不履行也可以，但正是由于履行了才“产生了善的行为”，这就是伦理性的义务。

07 在公交车上让座是礼仪吗？

功利主义、义务论

让座是伪善的行为吗？

伦理性的行为并不是法律所强制的行为，而应该是依据个人自发的意志自主进行的行为。例如，在公交车上让座就是典型的伦理性行为。这样说的话，可能有人会反驳说“这是伪善”。那到底什么是伪善呢？

伪善是指看起来是善行，实际上并不是。只看让座这个行为的话，它算是一种善行吗？如果趁着让座的时候偷老人的钱包，那毫无疑问就是伪善了。但是，这样的事情大家应该很少听说。因此，不出意外的话，让座的人都只是单纯地让座而已。

尽管如此，很多时候这种行为还是会被周边的人曲解为伪善。这种情况下，说这些话的人大概没有关注让座这种行为本身，而是把心思放在探究让座的人的心理上了。也就是说，他们觉得让座的人的想法并不单纯，这些人只是在意别人的眼光，“想被人看到”“不想被人认为是不让座的厚脸皮的人”。总之，这些人不过是违心地让座而已。因此，让座这一行为虽然看起来像是善行，可实际上却可能被人指责为伪善。

那么对于这样的指责我们应该如何思考呢？假设这确实不是出于对他人的体贴，而只是为了粉饰面子而进行的行为，那这种行为就不美了，反而让人感觉有些卑鄙。但是，即便如此，也是做了善事。

不论我们想得多么美好，可如果一直不付诸行动，那与动机卑劣可实际做了善事的行为相比，难道不是后者更好一些吗？

结果至上的“功利主义”立场

关于这一点的思考方法，有一种仅从外在的结果着眼的方法，即无论其如何想如何行动，只要得到了好的结果，那就是好的方法。

在伦理学中称之为“结果主义”或“归结主义”。归结主义的代表性观点是“功利主义”（Utilitarianism），即为实现“最大多数的最大幸福”，应该做“有用的事”。

功利主义是研究人应该做什么的规范伦理学代表性立场之

一。对于“人类应该如何生活”这样的问题，如果是功利主义者的话，可能会说你应该选择做有益于“最大多数的最大幸福”的行为，并带来有用的结果，且以此为人生的基本方针。

小知识

杰里米·边沁（Jeremy Bentham，1748—1832）：英国哲学家。他将古代唯乐主义进行再编，使其系统化。他不仅是古典功利主义的完成者，也是当时拥有较前卫思想的人。他去世后，遵循其遗言，对尸体进行防腐化处理，按其生前装束为其着装，现在仍“出席”与功利主义相关的会议。

动机至上的“义务论”立场

与之相对，反向思考当然也是成立的，即不重结果而重动机，不重外在而重内在的观点。

基于内在的动机，不考虑结果行事，并不考虑由于其行为得到了什么，或是最终谁因此变得幸福了，只是出于自己的义务而执行。

当然，如果碰巧有人因此变幸福了那是意外收获，但这种行为的目的并不是让谁变得幸福。归根结底，这种行为是因为良心的呼唤，让人将其作为义务来履行。

伦理学中将这种观点称为“义务论”，它和“功利主义”共同成为规范伦理学的双雄。义务论不看结果，“动机至上”。

因此，某个行为的真正价值，是难以从其外在表象推测出来的。如果看起来是好的行为，但只是出于想得到“被别人表扬”

这样的结果而进行的，那实际上就不是真正的善行。帮助别人，其目的并不是通过帮助这件事来得到别人的感谢，而是认为“帮助有困难的人”是我们应该履行的义务。只有出于要履行义务的动机而进行的行为，才能被称为伦理性的行为。

认为给老人让座是伪善行为的人，他们是站在义务论的立场上考虑问题，讨论的是内在的动机。确实，如果按照义务论来研究，即使看起来毫无疑问是善的行为，但根据其被人解读的不同，行为本身的意味也会变得不同。

没有义务意识，只是出于想被人表扬这种“不纯粹的动机”，不论它带来了多么有用的结果，也不过是伪善而已。

小知识

伊曼努尔·康德（Immanuel Kant，1724—1804）：德国哲学家。近代哲学的代表人物。其主要著作《纯粹理性批判》（1781）被评价为完成了认识论上的“哥白尼式的革命”。在伦理学上的成就为确立了规范伦理学的代表立场之一的义务论。他终生未娶，一直过着极其规律的生活。康德可以说是大众印象中的哲学家原型。

极端的想法是不对的吗？

综上，大家应该能明白，只是在公交车上让座这么一个“礼节”问题，人们的观点就有很大分歧。那么，我们应该如何思考呢？

那就是，无论如何，极端地思考问题都是不行的。不论是像归结主义那样不研究一切内在动机，还是只注重内在动机，不考虑结果，对于人类伦理学来说都是“不自然”的。

关于这些问题，我们来看一下《刑法》即可明了。同样是致人死亡，如果行为人有主观的杀人动机，并且实施了故意杀人的行为，那就构成了“故意杀人罪”；如果没有想要杀人的想法，那就是“过失致死罪”，两者在量刑上有很大差别。

如果从归结主义的角度看的话，两者就没有区别了。反之，从义务论角度考虑，只要没有所谓杀意这个动机，就是无罪的。这样就又有些不合适了。

总之，从常识的角度看，不论是“外在的结果”还是“内在动机”都很重要，两者都要考虑。同样都是杀了人，结果都是一样的，就把计划杀人和交通事故同等量刑，或者因为没有杀意就不惩罚杀害行为，这都与我们的想法有些出入。其实这些在《刑法》里也都有所体现。

即使在规范伦理学中，不论是选择功利主义还是义务论，被净化过的原教旨主义性质的版本都不在选择范围内。

08 人们能成为所谓的『好人』吗？

所谓善人并非都是正人君子

不论是功利主义还是义务论，还是选择其他什么立场，重要的是要站在自己选择的规范性立场上切实地行善。实践是伦理学的命脉。因此，有必要成为把行善者当作日常生活的“善良的人”。

但是，这样做真的能够变成善良的人吗？

我认为应该可以清晰地回答“可以成为”。所谓善良的人不是指圣人或君子，而是指日常生活中时刻秉持伦理性实践精神的人。而且，原则上来说，伦理性的规范应停留在普通大众通过常识性的努力就能够实现的范围内。

那么，怎样才能成为一个善良的人呢？用意大利的谚语说就是“练习可以造就大师”（熟能生巧），也就是说“名人都是靠练习出来的”。每天都留意做善行的实践，会培育出善良的人格。同时，注重“习惯”的养成也是非常重要的。

强调这一点的是亚里士多德，他是柏拉图的学生，柏拉图又是苏格拉底的学生。亚里士多德虽然相当于苏格拉底的徒孙，却对苏格拉底的观点进行了批判，并因此使自己的伦理学说有了鲜明特征。

苏格拉底曾研究“为什么人会做坏事”这一问题，他说“那是因为他真的不知道那是不好的事情”，是“出于无知的恶”。苏格拉底坚信，那些作为恶人被惩罚的人亦是如此。如果他们能清楚地知道自己所做的事情是不好的，一定会后悔并且再也不会作恶。他认为如果真的打心底里知道自己做的事是恶事并且悔恨无比的话，不可能有人还会继续作恶。

小知识

苏格拉底（Socrates，公元前469—前399）：古希腊哲学家，柏拉图的老师。他通常被公认为历史上最伟大的哲学家。他提倡认识善恶问题的理性主义。他向人们宣传“为了更好地生存需要灵魂的关照”，却被人告发扰乱社会秩序，并因此被处以死刑。

这是坚信人类的善良本性，无论什么事情都让人以乐观的心态看问题的说教，但遗憾的是充斥在街头巷尾的实例，成了苏格拉底性本善的反证。即使确信那是不好的，可仍然反复作恶的人也不在少数，这便是人们常说的“惯犯”。

惯犯就是进过监狱，但是不思悔改，仍然不断做下恶事的人。普通人从监狱出来后一般不愿再进去，可惯犯则一边深刻地认识到自己那样做是犯罪，一边又忍不住要继续去做。这又是为什么呢？

例如，作为惯性很高的犯罪——偷盗，即使偷盗者不想再偷了，但总是一不小心就又干起了偷窃的营生，这样的情况也是常有的。对于小偷，经常会有人说“他有盗窃癖”。这真是一个极好的表达。手的“癖好”，也就是习惯。因为是习惯，所以反复做。反过来也是如此。善的行为，也正是一种被习惯化了的行为。

综上，成为善良的人的关键在于日常生活中养成反复做善行的习惯。

小知识

亚里士多德（Aristotle，公元前384—前322）：古希腊哲学家，柏拉图的学生。他整理了哲学的基本概念，建立起了哲学这门学问的基础。他的著作《尼各马可伦理学》，是历史上第一部系统性的伦理学著作，为西方近现代伦理学思想奠定了基础。亚里士多德对后世的影响巨大，在中世纪的欧洲，他是哲学家的代名词。

09 在德育教育中重要的事情是什么？

知识的“本质”和“具体性”

反复做善的行为并将其习惯化，才是成为善良人的方法。这并不意味着知识就不重要了，知识与善的行为相同，也是很重要的。

亚里士多德对于事物的理解，提出了以下区别，即同样说“知道了”，但对数学问题的知道，和对父母说的知道，意思是不同的。

明白数学问题时的知道，是对事物本质的理解，是我们通常意义上的知道，也就是“得到真正的知识”的意思。反之，对父母说的知道了，并不是单纯的大脑明白了。

不论是谁，应该都有这样的经验。当你被父母斥责时，总是会不经意地回答“知道了”。这种情况下，某种意义上来说是知道了，但其他意义上又是不知道的。

父母说“不要光玩了，好好学习”时，它的语言内容能让孩子明确地理解。但是，心不在焉地回答“知道了”的孩子，实际上并不知道。就如同被父母训斥的那样，并没有好好学习。

也就是说，“知道父母说的话”中的知道并不是指单纯理解知识，而是指把它的内容“立刻体现在行动上”的知道。在伦理性的实践中，非常有必要的就是此处的“知道”了。

在此种意义上的德育教育，若只单纯地让孩子听一下伦理性知识，就是不充分的。实际上在日常生活中，有必要重视那个知识会“怎样起作用”“怎样才能够被实践”并实际执行。把规范伦理学的理论积极地引入应用伦理学中，带给伦理规范“具体性”，是德育教育的要点。

例如，在“要保护环境”这个规范被提起的时候，只是漠然地去做对环境有益的事的心理准备是不行的，还要具体地思考“我能够做什么”，它要求我们进行具体的实践。例如，个人能对环境做的有效实践是选择乘坐“能源效率好的交通工具”。公交车优于私家车，自行车优于公交车，公交车、自行车就是能源效率高、不会增加环境负担的交通工具。只要没有什么特殊情况，不选用私家车作为日常出行工具这件事本身就是对“保护环境”这条规范的实践。

如上，对于那些对人类比较重要的伦理规范，不是仅抽象地提出即可，还要思考一下它的具体实践事例，促使人们执行。我们有必要奉行这样的方法作为德育教育的基本方针。

小知识

R.M. 黑尔（Richard Mervyn Hare，1919—2002）：英国哲学家。他提出了在现代元伦理学上占主要地位的“规定主义”。另外，他从区别直觉阶段和反省阶段的“二层理论”以及克服了古典功利主义难点的偏好功利主义出发，将功利主义提高到了现代水准。

10 伦理是鉴别事物的『标尺』

被检验的人生

伦理不像法律那样是需要被强制执行的，它应该是一种自发性行为。那么，特意做伦理性的行为到底有什么意义呢？如果不是强制需要做的，还特意去做伦理性行为到底有什么意义呢？

不做伦理性行为指的是，只要不违反法律做什么都可以。你有没有被父母教导过“不要给别人添麻烦”呢？基于这样的经历，偶尔就会有人认为“如果不给别人添麻烦，就能做任何事”。

但是，如果把“不要给别人添麻烦”这句话解释成“只要不给别人添麻烦，做什么事情都可以”，这句话就成了非伦理性的生活原则了。

即使对人不热情，也不会给谁添麻烦。但是，如果只要不给别人添麻烦就做什么事情都可以的话，那就更没有必要对人热情了。

因为麻烦的事情不做最好。如果不热情地做事情也可以的话，那么倡导“应该”做某事的伦理学就变得没有意义了。这样，伦理学就变成“多管闲事”的学问了。

这种观点中，大家有没有感到哪里稍显“美中不足”或“别扭”？

“只要不给别人添麻烦，做什么事情都可以”这个观点有一定的道理。因为这个观点“最大限度”地尊重个人自由。

只要不发生“给别人添麻烦”这样的实际损害，不限制个人行为是人们能够自由自在生活的基本条件。

但是，强调“只要不给别人添麻烦，做什么事情都可以”，与其说是为了维护自由，不如说是人们不会自发做善事的人性观。“美中不足”或“别扭”的理由也存在于其中。

确实，如果有类似不做就会被罚，做了会得到金钱之类的物质奖励，应该会有人在金钱驱使下自发地去做善事吧。不过，不求金钱报酬参加“志愿活动”的人也有很多。

伦理学家彼得·辛格，举了一个献血的例子。这件善事虽然没有丝毫的实质性回报，可还是有很多人在做。我们姑且不论献血是不是一个利他的行为，但得不到金钱的报酬，还要花时间费工夫去献血的人很多，这就证明了“人不会自发地做善事”这个讽刺的人性观是片面的。

小知识

彼得·辛格（Peter Singer，1946—）：澳大利亚哲学家。是现代伦理学家的代表人物。他从其指导教授R.M.黑尔的《偏好功利主义》的立场出发，对以生命伦理学为中心的应用伦理学的诸多问题继续展开讨论。1975年出版的《动物解放》一书引起了很大反响，在动物权益和素食主义运动等方面产生了很大影响。

这里我想要说明的是自发地做善事的意义。只要没有上述讽刺的人性观，自发地做了善事的人就很招人喜欢。这又是为什么呢？

如前所述，人类与机器人不同，人类在每天的日常生活中都面临着无数选择。这些选择中有很多都是没有意义的很寻常的行为，如“是先刮胡子再刷牙，还是先刷牙再刮胡子”这类选择。在这些行为中，人们对那些专门为别人做的事情、利他的事情，会感觉“太有人情味了”。经常做很多有人情味的事的人生比起那些不做有人情味的事的人生，不是更加有“深度”吗？

遵循伦理的人生是指，研究自己的人生是不是“充满人情味”。遵循伦理的人生与不遵循伦理的人生相比，应该更有资格被称为“被检验的人生”。

虽然不是强制性的，但在面对选项时，我们要清楚哪个选项对我们的人生意义更加重大，要选择能提高自己人性的合适选项。

为达成此目的，把“对于人来说善是什么”作为研究课题的伦理学会更容易明白。相比恶，对人们来说更期待的选项是善。在自己能力范围内最大限度地追求善，是提高人性的好方法。

综上，伦理正是衡量事物的“标尺”，是最重要的基准。为什么这么说呢？因为对人类来说，最重要的是人性本身。

11 为什么人们创造了『伦理』这种事物？

伦理是“为了人是人”而存在

本章简单介绍了“伦理”是什么，大家阅读完会有什么样的感受呢？为什么人会创造伦理这个事物呢？

如果是阅读到这里的读者，那么自然会明白答案。那就是因为“人类是人类存在的原因”。因为人类不是机器人，所以其行动不能预先设定程序。人类需要选择基准的“规范”，询问这个规范的就是伦理学。

那么，在认同人类这样选择自由的基础上，仍然还有不需要伦理的社会存在的话，会怎么样呢？那是个人的自我决定不被允许的世界。强制服从某些绝对权威，细微的事情暂且不提，具有社会重要意义的选择被禁止，不能由自己的意志决定做什么的社会，确实是“非人类的”世界。

在科幻作品中，作为乌托邦反面的“反乌托邦”，多次描写了这样的世界。乔治·奥威尔的小说《1984》非常有名。同类型的作品还有因为被弗朗索瓦·特吕弗拍成电影而广为人知的雷·布拉德伯里的小说《华氏 451 度》。

华氏 451 度是书籍自燃的温度。在这部小说的情节中，所有的信息都是执政者通过电视给予的，读书是被禁止的。因为读书被认为是孕育独立精神的“反社会”的行为。在这个已经没有火灾的“乌托邦”中，消防员的工作不是灭火，而是一发现书就将其烧掉。因此，该小说以华氏 451 度命名。

在这部小说中，对电视机文化进行强烈讽刺的同时，控诉了通过抑制独立批判精神获得的“虚伪平安”。在不存在伦理的世界，让读者看到了科幻作品典型题材的反乌托邦本身。

因此，对于人类来说，伦理这个事物是必须且必要的。决定了所有人应该做的事、什么都不用考虑、服从就好的社会不需要伦理。但是，这样的社会不能称为人类的社会。

每个人都在追求自己的人生，持续直面每天的小选择和决定人生的大选择是人类的人生，也可以说是“像人类的人生”。伦理与这样的人类存在无法分割。而且，只要人类还是人类，伦理的存在就是必要的。

小知识

乔治·奥威尔（George Orwell，1903—1950）：英国著名的小说家、记者以及社会评论家。他的代表作《动物庄园》和《1984》是反极权主义的经典名著，其中《1984》是20世纪影响最大的英语小说。奥威尔与其他的知识分子不同，他拒绝用貌似深奥的语言讨好权力，也从不谄媚权力。他的文字清晰、准确、简洁。透过他的文字，可以看到他所生活的那个真实世界，还可以窥见他对人生的真诚思考。

02
正义就是
绝对正确的吗？

01 不同的人对伦理学有不同的理解

多样性文化相对主义

世界上存在超辣菜肴是理所当然的吗?

伦理学虽然是思考人应该怎样生活的学问，但人的存在也是多种多样的。本书的读者，大概是来自世界各地想要对伦理学一探究竟的人。

例如，我们看看日本的饮食文化。传统的日式饮食基本没有以辣椒为主要调料的料理。但是，在料理中经常使用辣椒的饮食文化在地球上占着相当大的比重，如朝鲜半岛、中国部分地区、东南亚大部分地区、印度、非洲大陆的大多数国家等。对日本人来说“超辣料理”“民族特色料理”比较稀少，但常吃这种“稀少”料理的人口数量比吃日式料理的人要多得多。

小知识

文化人类学：也称作社会人类学或民族学。主要是对非西洋的、发展中国家的区域社会进行实地调查，通过对不同于自己民族的文化的理解来探究人类和社会本质的一门学科。

接受差异的宽容度很重要

无论是人还是文化都是多种多样的，重要的是对多样性的重视。应该重视多样性，这也是不容许多样性存在的时期遗留给我们的历史教训。

纵观历史上的屠杀，大都是由有着绝对信念的“不宽容的”掌权者造成的。他们缺乏认同多样性的“宽容度”。

认同多样性，首先要允许文化存在差异。我们一般会认为在吃饭时打嗝儿这种行为很不雅，有些文化却会觉得“不打嗝儿难道是没吃饱？”因此，强制要求吃饭不准打嗝儿也是不妥当的。

如此多的文化差异，会让属于不同文化类型的人们觉得怪异。但是，通过这些文化认同，能够防止不良结局的发生。

归根结底，我们应该尽可能地接受文化的多样性，不主张特定文化的绝对优越性，尊重各类文化的独特性。

文化人类学或社会人类学的知识会告诉我们，人类的各种文化如何富有多样性，用相对的观点来看待事情有多么重要。

但是，如果在此过分强调各种文化的相对重要性，甚至发展到“文化间的优劣全都不存在”的地步，那便会产生很大的问题。这是一种被称为“文化相对主义”的思考方式。

相对主义认为“不存在绝对的真理”。也就是说，文化相对主义认为“不存在文化间的绝对优劣”。

将一种文化与另一种文化进行比较，分出孰优孰劣的想法确实是无稽之谈。虽然对文化保持热爱是好的，但如果由此产生“我们的文化是世界上最优秀的文化”的想法，那岂不是太偏激狭隘了吗？我们也难以想象，历经岁月的洗礼孕育而出的各种文化之间会出现明显的优劣差异。

如果真正主张文化相对主义，那么假如某种文化就算用活人祭祀，也无法对其进行批判。

传说《三国志》英杰诸葛孔明用来代替活人祭祀所使用的人头形糕点是馒头的起源。这样的故事被当作美谈流传开来，本身就证明了活人祭祀的残暴。

此外，古装剧中被逮捕的坏人会遭受各种严刑逼供。坏人是没有人权的。或者说，古代原本就是一个没有普遍的人权概念的时代。惩恶扬善题材的古装剧看着比较有趣，但如果同样的事情发生在现代，恐怕会违反法律吧。严刑拷打是绝对不允许的，仅凭这一点，这样的文化就应该被批判。

小知识

萨丕尔—沃夫假说：这是爱德华·萨丕尔（Edward Sapir，1884—1939）和本杰明·沃夫（Benjamin Lee Whorf，1897—1941）所提出的语言学的假说。这项学说认为，人类的认识在根本上受到其母语的制约，想要跨越语言的差异做到普遍翻译是不可能的，认识通常停留在各语言间相对的部分。

主张价值观时的礼仪是什么？

类似这样，世界上有明确的作为绝对价值应该普遍实现的规范。如果规范是相对主义，我们将无法主张这样的绝对价值。

我们需要重视人类的多样性，需要具有认同文化间相对独立的宽容心，绝不可用暴力手段强迫压制特定价值。虽说如此，但也不能过于重视文化的独立性而陷入文化相对主义中去。

伦理规范本应当作为普遍的比较妥当的“绝对价值”来主张。但是，不能将自己的价值观作为唯一绝对的价值观，毫无商谈余地地强迫别人去认同。不单方面地强加于人，并在对话中主张其妥当性，这才是讨论伦理时应有的礼仪。

02 『善』的价值因立场的不同而改变

客观主义、主观主义

为什么人们会觉得富士山很美呢？

伦理学一直在探索人应该怎样生活。如果说人应该追求怎样的生活，那应该是至善的生活。因此，“善”是伦理学的核心概念。

如果问善是“客观的”还是“主观的”，有其思考方法。

何谓善是客观的？在研究这个问题时，我们应该先研究价值。但是在这期间，为了更易于读者理解，我们暂且以不具有伦理价值的“美”为例来进行说明。例如：“某些事物为什么那么美？”

世界上美丽的事物不胜枚举，大部分的日本人会觉得富士山很美。那么，为什么会觉得富士山很美呢？

如果说美是客观的，那么在富士山的某处有一种美，让大多数的日本人都能察觉到，这种美引起了共鸣，于是大部分日本人都认为富士山很美。

那么，这种客观存在的美是什么样子的呢？它是存在于某处的“美本身”。但是，至今还未有人发现美本身。

一般的客观存在，就像写这本书稿所用的笔记本电脑，是能够眼看手摸的某种“物体”。可是，美本身是看不到摸不着的。

有名的陶器，如果得到所有者的允许，直接进行触摸，能够感受到它的美。但这个陶器所体现出的美本身是看不到摸不着的。

美存在于时空内的某处，但美本身又超出了时空的界限。超出时空的界限在哲学中被称为“超越”。

也就是说，美本身就是一种超越。某个事物美是因为超越之美在其“内心”（超越的相反概念）。所谓美，就是美的概念本身。柏拉图将这个超越的概念称为理念。

富士山美的原因

这世上的至善之人是苏格拉底吗？

富士山之所以美，是因为富士山自身存在着美的理念，拥有着美的理念。

同样地，善也是理念。那么，所谓善行，是指其举止中存在着理念的行为；所谓善人，是指拥有很多善的理念而周身显现出善的人。

柏拉图认为自己的老师苏格拉底是这世上的至善之人，因为其拥有着至多的善的理念。也就是说，柏拉图对苏格拉底的评价不是由人的主观意志来决定的，所以即便苏格拉底被判处死刑，也不会改变柏拉图对他的评价。

价值因人而异

无法接受客观主义观点的人，会认为价值就是基于人的价值判断结果产生的，是随着人的“主观”衍生出来的。这是价值的“主观主义”说明。

如果价值是主观性的，那么就像柏拉图对苏格拉底的认可那样，不依存于人们的主观评价的“客观的善”就不会存在。归根结底，所谓的善基本上是基于每个人的判断。

从这个观点来看的话，伦理规范的绝对性，不是超出时空界限的超越性事物，而是具有横穿人类社会历史和文化的“普遍价值”意味的“绝对性”。价值始终是人类赋予的意义，在人类社会之外不存在可称为价值的超越者。

小知识

唯物主义：Materialism的译词。唯物主义将事物分成意识（Form）和物质（Material）两方面进行思考，认为物质是世界的本原。由于物质是实质性的物体，所以实际存在的事物就是物质的存在。

价值会随着你的看法的改变而改变

善是“主观的”还是“客观的”？无法断言这两种观点究竟哪一个是正确的。但需要注意的是，这两种各自作为前提的存在论是不同的。善究竟是客观的还是主观的，取决于你怎样看待这个世界。

自然主义谬误、休谟法则

我们不是在谈“善”吗？

姑且不论善是客观的还是主观的，究竟何为“善”？善是客观的还是主观的，只是在谈它的基本特性，仅凭这一点无法理解善的意义。换言之，我们应该如何定义善？

在现代伦理学中，对这个疑问最有力的回答是“不可定义”。这是为什么呢？所谓伦理学应该是探究人如何能够良好地生活的一门学问。也就是说，核心概念是善。可是，作为核心概念的善是不可定义的，这是怎么回事呢？

事实上，我们在谈论善时，通常说的是善的“事物”或善的“行为”。即使抽象地说“人应该善生”，仅凭这点也不能够成为实际的指标。如果不说明善生的具体内容，就无法加深对其的认识。

于是，我们列举出诚实、宽容等“道德细目”，说掌握这些很重要。诚实无疑是“善的事物”，但那绝对不是善本身。

归根结底，在伦理学中，即使不严格地定义核心概念善，对于人类善的“事物”或善的“行为”也会持续被谈论。

小知识

G.E. 摩尔（George Edward Moore，1873—1958）：英国哲学家。其在主要著作《伦理学原理》中提出的“自然主义谬误”的命题构筑了元伦理学的基础，但其在规范伦理学上的立场很独特，既有归结主义，又不是通常的功利主义。可能是因为这个，与自然主义谬误的命题相比，摩尔原本的规范伦理学说的支持者较少。

为什么善是不可定义的?

别惊讶，这一点被明确地主张是在进入 20 世纪之后。自在古希腊出现以来，伦理学在两千多年间也没能严格地定义自己的核心概念。

以哲学家摩尔发表的《伦理学原理》（1903）为开端，人们开始尝试着去严格地定义善本身。摩尔尝试着想要严格地定义善，发现那是不可能的。善是不可分析的单纯的概念。不可分析就是不可定义。即使想要定义善，通常也会变成对于某些“善的事物”的反复阐述。

善的事物其实就是善的“东西”，想阐明什么是善的事物时，善本身却仍处于未定义的状态。摩尔认为由于善是非自然的概念，因此不具有“东西”那样的“自然特性”。但是，以往的伦理学是将善作为某种事实（自然的东西）进行的阐述，将非自然的善作为具有某些自然特性的东西进行了阐述。

也就是说，在那之前的伦理学说陷入了不可阐明的善用某些“事实”进行说明的谬误。摩尔认为，这是自然主义谬误，避免自然主义谬误是伦理学说的要点。

摩尔创造的“元伦理学”

如果不能像自然存在那样作为事实进行定义的话，那么所谓的善是什么？摩尔认为这与“所谓的颜色是什么？”之类的问题相同。以黄色为例，这里所问的是:“所谓的黄色本身是什么？”

如果被问到所谓的黄色是什么，那么其客观正确的回答是“可见光光谱的某个固定范围”。可这里问的是，我们看到某个颜色,确信它是黄色的这个体验。为什么不是红色而是黄色？难道不是只能说“因为那是黄色”吗？虽然不能解释为什么是黄色，但就是知道那是黄色。

善不也是同样的吗？虽然无法定义它是什么，但知道它是什么。不是语言表述，而是感觉上知道那是善。这就是摩尔对善的“直观论”（直觉论）想法。

提出如此尖锐问题的摩尔，他的直观论的支持者比较少。但是，他所提出的我们无法解释的善的“概念本身”、指责“自然主义谬误”等问题，对后辈产生了巨大的影响。

这个影响力在成为思考伦理学的理论内容前，必须研究伦理上的措辞和道德语言的元伦理学产生的原因。作为伦理学一大领域的元伦理学是以摩尔为开端的。

“自然主义谬误”与“休谟法则”的关联

休谟的自然主义谬误这个理论在当今的伦理学中被视为与“Is-Ought 法则”同样而被进行讨论。

Is-Ought 法则是指英国的经验论哲学家休谟在其主要著作《人性论》（1739—1740）中作为问题的谬误推理的方式。因此，也被称为“休谟法则”。

小知识

大卫·休谟（David Hume，1711—1776）：英国哲学家。在其主要著作《人性论》中将经验论彻底化。他主张所有知识的源泉是经验，因此因果关系不是绝对的法则，应通过经验的反复得出类推。另外，他认为自我也不是坚定的实体，只不过是“一束知觉”。休谟也是著名的历史学家，他的巨著《大不列颠史》作为历史巨作闻名于世。

休谟指出，在此之前的哲学家解释道德时，在说明神的事实存在的过程中不知不觉地突然从“是”（is）推出了“应当”（ought）。可是，休谟认为，“是”和“应当”性质不同，

“什么是什么”不能成为“什么应当怎样”的理由。这是在提醒众人注意，“是”无法推出“应当”。

“什么是什么”是事物本身的“事实”，“什么应当怎样”是事物本身的“规范”（价值）。从这一点来看，休谟法则被理解为，“事实无法推出价值”，严格来说是“从事实无法直接演绎价值”。像在第1章指出的那样，这个认识的重要性在于其表现出了“事实”和“价值”性质不同的伦理结论。

休谟法则明显与自然主义谬误不同。自然主义谬误是将不可分析的“单纯概念”——善，作为与事实同样的“复杂概念”，将善的“事物”的说明视为“善本身”定义的谬误。在这里，“从事实无法推出价值”这个内容没有被直接包含在内。可是，如果说将两者等同看待是错误的话，却未必是这样。

也就是说，摩尔所说的自然主义谬误的对象中除了物质的事物以外，还包含了“神的命令”这种不能称为普通、自然的事物。归根结底，就像等同于“事实”一般模糊不清。因此，从自然主义观点不能说明善，就等同于理论上的“从事实无法推出价值”。

现如今，用伦理学解释自然主义谬误时，大多数的意图不是在摩尔，而是在休谟法则。自然主义谬误虽然严格地说来与休谟法则不同，但实际的内容是重合的。在这个意义上，此前的伦理学者们应该是误会、曲解了。

小知识

谬误推理：错误的推论方法。虽然种类繁多，但具有代表性的一个是“循环论法”。这是在应当证明的结论被包含在未注意到的前提内的情形下产生的错误。例如，“神是存在的，为什么这么说？因为《圣经》里写了”，诸如此类。在日常的语言活动中，这样的谬误推理不在少数，要多加注意。

04 人类应该遵守的『正义』是什么？

校正正义、分配正义

正确的行为是什么呢？

阐明应当追求善的生活的伦理学，虽然没有确定善本身的意义，但是通过考察围绕在善周围的事物，能够进行具有充分意义的讨论。在这一点上，可以说有伦理学的特征，或是有一种独特的趣味。

善本身说不定是没有内容的抽象概念。但伦理的讨论不会没有意义，因为即使善本身没有内容，各种各样“善的事”或“善的物”对于人类来说也是非常重要的。

当某个行为是善的时候，我们通常认为这个行为是“正确的”。这种意义的正确性与“1+1=2”的正确性不同。1+1的答案只能是2，2是唯一绝对的正确答案。

但是，在评价人类行为时，是无法保证这样的绝对性的。在这种意义上，可能无法说出严格意义上的人类行动的“正确性”。可是，即使这样，我们也认为某个行为是正确的。这种意义上的正确行为，一般被称为合乎“正义”的行为。那么，正义是什么呢？

正义的英语是justice，这是与just相关的词语。just作为副词使用的意思是“正好”或是“仅”（只不过），作为形容词的意思是“公正的”或“正当的”。Justice是这个形容词的名词形式。因此，正义是指公正的事物，也可以说是fair（名词形式fairness）的事物。

蛋糕应当大家平分？

那么，怎样的情形是公平的、合乎正义的呢？

在这里希望大家恢复一下童心，回想一下与兄弟或朋友们切一整块儿蛋糕的场景。因为分食蛋糕原则上要按人数平均分，所以切蛋糕的人不能给自己多切。因为，一旦多切了，那便要面临周围的人指责，甚至会发生争吵。

在这里，均分首先是件正义的事情。多切蛋糕是从别人那里“抢夺”，这是不被允许的。更何况是从别人那里整个儿抢夺，是不应该存在的。

假如这样的不正当行为发生了要怎么办呢？孩子的心思与

我们一样，分到的东西不一定非要是蛋糕，但一定要让自己手中的物品与被抢走的蛋糕“同等份”。那怎么办呢？抢回来！即使是从抢了蛋糕的孩子手里夺回与蛋糕同等份的粗点心，当事者们也会觉得“平局”了。这就是说，如果被认同为“相等”的话，就不是不正当的事，倒是合乎正义的举止了。

所谓的正义首先应该是这样的：“期望形式上的相等”。在当事者同意的情形下，因抢夺等原因导致发生过剩或不足时，要校正直到成为相等的状态。这被称为“校正正义”。不管谁出于什么原因，都要贯彻形式上的正确。

然而，这种情形平常不大出现，大家可能也没有记忆。与这不同的切蛋糕方法，有时倒也非常合乎正义。比如，在有钱的孩子家玩耍的贫穷人家的孩子，吃自己家没有的高级蛋糕时的场景。一方面，贫穷人家的孩子没有吃过这种蛋糕，今后也很难再吃到。另一方面，有钱人家的孩子已经吃腻了。因此，有钱人家的孩子并不遵从“校正正义”，而是将自己的那一部分也给了贫穷人家的孩子。

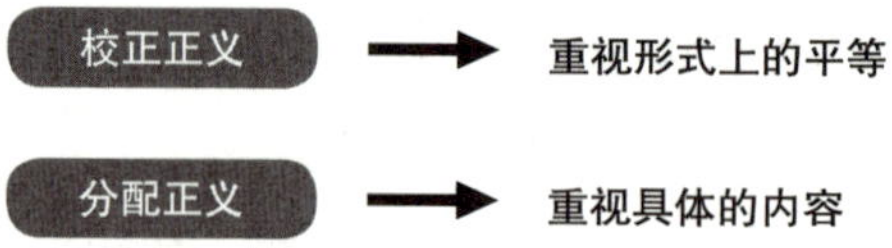

两种正义的形式

有钱人家孩子的行为虽然打破了形式上的平等，但正因为这样，不是才被认为是合乎正义的吗？也就是说，只给适当的人适当的分量。

在这里实现的是“分配正义”。它与校正正义不同，会问“谁是出于什么原因”，也就是说“内容”比较重要。

例如，十个人的财富总量是有十个集团。如果不管“谁是出于什么原因”的话，机械地一人分一个是正确的。但如果是分配十份食物，吃饭的十个人中包含食量大的年轻人和食量小的老年人。如果遵从形式上的平等的话，年轻人不够吃，老年人吃不完。结果，年轻人会心生不满，老年人会产生浪费。在这种情况下，应该打破形式上的平等，给年轻人多一些，老年人少一些，才是合乎正义的。这便是分配正义。

用两种正义保持平衡

这样来看的话，我们知道这两种正义都是非常重要的。

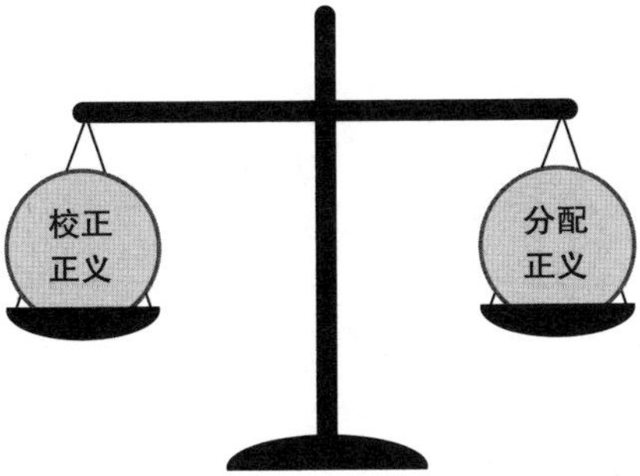

用两种正义保持平衡

重视形式上的相等是社会生活的基础。但是，墨守成规什么都要平等的话，反倒会出现很多不妥当的状况。这种情况下，就不能采取“形式上的平等”，而要依据“谁是出于什么原因”这个“具体的内容”恰当地分配财富。

亚里士多德论述了这两种正义。亚里士多德的正义论即使在今天也是思考正义的基本前提。

保障内心的自由

真的是为了自由吗？

合乎正义的举止是加深人与人之间的友爱、提高社会品格的善行。作为人类社会前提的“校正正义”自然不用说，“分配正义”不仅是在个人之间，在国家或地方公共团体等共同体的施策中也应该以实现“分配正义”为目标。

政策制定者考虑实现分配正义的场景时，如果只看结果的话，就没有必要将统治者和非统治者的关系当作问题。全权交给优秀的一小撮儿精英，大众只要被动地贯彻这个政策即可。

因为精英只会选择精英，所以统治者通常是从统治的角度想要拥有持续被选择的社会。即使是在这种社会，如果能够恰当地分配社会整体的财富，也会成为结果主义上的善的社会。

可这是很难让人信服的想法。因为精英并不是接受了大众的委托才进行统治的。确实，由精英们选择的方式在不受大众影响方面精度比较高。

因此，无论分配正义有多么重要，可如果去实现正义的人没有做到应有的善，那么本应实现的正义就不是真正的正义。正因为是由自由存在的个人选择并实现的，所以正义才具有价值。

与“不自由的完整社会”相比，“自由的不完整社会”更加适合。

柏拉图认为，哲学家成为王者进行支配是比较理想的。

只行善事的社会是什么样的呢？

所谓的独裁者大多连个人的内心都想要进行束缚。

像这样的科幻设想，只能作为反乌托邦来想象，因为历史上实际存在的独裁社会无论哪一个都是不合乎伦理的。那么，虽然历史上没有实际存在，但是接下来有可能存在的社会是怎样的呢？

在这个社会中，所有的人都有义务积累合乎正义的善行。所谓的独裁者等权益的维持强化一概没有。不仅如此，这是一个没有特权者的平等性非常高的社会。虽然存在职责上拥有一定权力的人，但因为终究仅是在社会上行使，所以不会增加就职者的私人权益。总之，这是一个一切都仅以增进善为目的而行动的社会。

人类社会必须有自由

出生在这个社会的人，全员的脑部都被植入芯片，其想法会被逐一监控。抱有伦理上不期望出现的想法的人会被送进校正机构，被校正为仅能思考善事的人类。这个社会没有犯罪人员。无论如何都想着做坏事的人会被隔离。但因为不是罪犯，所以生命有保障。

这个社会安全且舒适，因为这是全员连坏事都不会想的社会，所有人都是善人的社会。不能成为善人的人会被隔离，但生命会有保障。因为被隔离的团体中不全是善人，所以可能偶有犯罪发生，但会像我们的社会一样，不会因此出现社会崩溃的状况。仅有善人的地区没有警察和法院，但是被隔离的区域有。

那么，这样的社会是人们所期望的社会吗？仅看结果的话，这个社会与哪个社会相比都是比较合乎伦理的。因为这是一个全员不管怎样都不会想坏事，能最大限度地产生纯粹的善人的社会。但是，我们绝不会认为这个社会是伦理上所期望的社会。

由此来看，内心自由的保障高于一切，就算是出自善的意图，当政者也不能将善意强压给每个人，甚至连他们的想法都想要进行改变。

穆勒在《自由论》（1859）中强调了这一点。穆勒认为，纵然国家是出于有益的目的，可是为了达成那个目的而强压价值观的话，个人会因为自由被剥夺而逐渐萎缩，最终成为卑微的存在。如此一来，成为卑微存在的人类不可能创造出伟大的国家。

小知识

J. S. 穆勒（John Stuart Mill，1806—1873）：英国哲学家、经济学家。他修改了边沁的功利主义，加上了对快乐的质量的考虑。穆勒的经典名言是“做一个不满足的人，胜过做一只满足的猪”。他厌恨父亲的英才教育，认为那是使他性格扭曲的原因。他在自传中赞美了自己的爱妻，称是她使自己重拾了生活的乐趣。

国家绝不能强行渗透到个人的内心，是现代社会的常识。可这个常识事实上具有普遍的价值，成了对人类有决定性的规范。这些是穆勒的《自由论》重新告诉我们的。

06 在任何『表现』中自由都是被允许的吗？

优秀的表达成长于自由的创作空间

权力不强行渗透到个人的内心，最大限度地保障个人的自由是社会存在的前提。第 1 章中“只要不给别人添麻烦，做什么事情都可以”的口号被容许，也是从这个观点出发得来的。

在现实社会中，杀人就会被判处杀人罪，但如果只是梦见自己杀人就不会被问罪。即使有人幻想生产大量的破坏性武器发动战争，但只要他没有采取任何行动，也不能以妄想为理由将其逮捕。

当然，幻想这样的事情不好，抱有这种妄想的人是欠缺“德行”的。可是，只要是人类，就必须给予其内心的自由。

内心的自由，作为表现的自由，只要不给他人带来伤害，就应该最大限度地得到保障。因为那是作为自由存在的人性的流露。

为了孕育出优秀的表达?

比方说粗俗下流的事物不好，那会不会立即被限制或禁止？不会这样。因为人类有“表达的自由”。

虽然像粗俗下流的事物没有包含在表达的自由内，但这样的想法是典型的“思想滑坡”。起初对粗俗表达的限制是从任何人都同意的限制开始的，但慢慢地扩大范围，最终，对当时的掌权者不利的表现全都会被视为“粗俗”的对象。

事实上，人类体验了好几个这样的实例。纳粹德国以是否健全为基准对艺术进行了分类。然后，将不健全的艺术称为“堕落艺术”并进行镇压。像马克斯・恩斯特（1891—1976）、保罗・克利（1879—1940）这样优秀的艺术家都因其具有颓废性而遭到了镇压。

像这样对粗俗的表达进行的限制一旦确立，便会在不知不觉中陷入对“不健全的表达”同样的压迫中去。

很多想对粗俗下流的事物进行限制的人，并未注意到自己将对粗俗下流的事物的厌恶感这种自身的主观感情正当化了。“因为非常讨厌，所以希望它消失”，这是所谓的情感论。

情感不能成为基准。说起来，笔者其实也非常讨厌粗俗下流的事物。可是，优秀的表达正是在允许各种各样表达的自由创作的空间中孕育出来的。在因为自己讨厌就希望它消失的情感论之前，更重要的是意识到这种表达的自由，并站在理性的角度看到“人类自由的压抑”。

自由的创作空间下孕育出优秀的表达

07『国家』在某种意识上属于什么呢？

民族主义、多民族国家

不同国家存在的原因是什么？

在人类必须承担的义务之中，有一部分是完全义务，是法律规定强制承担的。“强制”需要一个主体，这个主体通常是国家。因此，国家之所以存在，首先是因为它是权力的主体。

强制实施法律的主体通常是国家，但事实上又不是一直这样。例如，美国各州有着较强的独立性，州法律像其他国家的法律一样有效，州法院和州警察是强制实施法律的基本的权力单位。

如果是这样，那么世界上其他国家都采用跟美国一样的方式应该没有问题。平常的国家是州，地球整体是州的集合体。这样的话，地球上就仅有一个国家，这个国家的意义就变得淡薄了。

那么，为什么现在存在这么多国家？那是因为国家不能被统一成一个。不同的国家存在这事儿本身就是国家存在的原因。

如果国家仅有一个，也就是说没有了国家这个概念的话，应该有很大的益处。最重要的是战争不会再出现，因为那样会变成同一个国家的人在战争。当然，仍会残留一些地域的纷争，但是总体战和热核战争发生的可能性会降低，永久的和平也会来临。

如果民族意识成为民族主义

从这一点来思考的话，国家不能要求放弃各自单独具有的善。虽然没有国家就无法保障民族的独立性，但在法律上能够保障自立性的话应该也可以。与其用国家这个方式来突出差异，倒不如强调作为同一个地球政府一员的联合。这不是更能提高人情味吗？

以民族为基本单位建立的国家所存在的危险，历史上也有类似事例可供借鉴。

有相当多的人没能克服民族意识，导致之后引发了悲惨的民族纷争。昨天还在顺利交往的朋友突然就变成了“敌对民族”。

所以说，不能全盘否定民族或民族意识。它作为每个人身份的一部分，能够做到相互谈笑的程度就很好了。存在问题的是将民族“意识”转化为民族“主义”，主张自己的民族优越于其他民族，引导实施排外主义政策。以民族为单位建立的国家，无论怎样这样的危险都会如影随形。

“理想论”

当然，从历史上看现实中的美国与其建国的理念是有所背离的。但是，为了某种利益而特意建立国家的这个方向性，暗示了国家理论上的可能性。这意味着国家这个形式并不是人类最终的共同体。

为什么这么说？因为要实现自由和平等这个价值观，就要消除地球上所有的人种和民族的差异。随着国与国之间的联系日益加强，国与国之间的关系将如州与州的关系一般紧密。这可能只是人类社会的理想状态。虽然存在如何跨越语言障碍这样的难题,但是正因为有像印度那样多种语言并存的国家存在，也不能说语言障碍是绝对无法克服的。

当然，这里所描述的是“理想论”，现实与理想的差距仍然很大。但是，诉说理想才正是伦理学。

08 社会的基本单位不是『个人』吗？

个别性

直到明治时代都没有“日本人”吗？

国家并不像通常所认为的那样自明，国家的存在是反论式的，但那是因为它还没有消失。

国家并不自明这一点，从明治时代以后形成的在日本国民意义之上所说的“日本人”的观念也可以看出。

在江户时代，每个人的基本的归属单位始终是藩。“日出之国的人民”这样整体的同族意识虽然得到了共识，但仍是范围广且模糊的，还不是“日本国民”这样明确的称呼。

也就是说，在当时以德川将军家为中心的“各藩的领主和领民”是基本的身份，不应该存在超出这些的“日本”这个国家。

在这个意义之下说得再稍微过分点的话，甚至可以说“日本国”或“日本国民”只不过是明治政府的创造之物。

话虽如此，由明治政府创造出的日本国家是顺应国民国家的形成，符合这个历史潮流的产物。这个潮流时至今日仍然在延续。去国家化的动向在欧盟统一货币上初见端倪，但仍与成为世界的基本潮流相去甚远。

因此，如果自己被问到是什么人的话，回答“是日本人”是理所当然的。我们社会的基本单位是国家，首先认为自己是“日本国民”是极其自然的事。

是杂乱无章的个人，还是无可替代的个人？

可社会的基础是人，不是每个人的“个人”？如果是在哲学的意义下使用“个人”的话，回答是Yes。之所以这么说，是因为“个人”这个词语确实是相当多义的。

一般情况下，个人是在怎样的意义下使用的呢？以个人主义为例，有着对他人或社会漠不关心的微妙感觉。因此，在否定的意义下说到个人主义时，应该是指不考虑公共性，“自己为所欲为”这样的情形。这里的个人是相对于“公”的“私”。说在这个意义下的个人是社会的基本单位，恐怕一时难以认同。

与此相反，用哲学来考察“个人”时，首先会关注词语本身。“个人”在英语中是“Individual”。这是在“Dividual”前加了“In”这个否定前缀，也就是说意思是“不能 Dividual 的物体”。“Dividual”的意思是“可分开的”，因此“Individual”是指“不能再分开的物体”。

从这一点上否定的意味也体现出来了。不能再分开的是“最小单位”，可以说是类似“原子”（Atom= 不可分割的物体）那样的物体。也就是说，个人只不过是杂乱无章的“部分”。

但这只是片面的看法。倒不如说，应该汲取其积极的意义。不能再分开是“因为没有替代品”。也就是说个人是指，你就是你这个“无可替代的你本身”。在这个意义下的个人，可以说就是“个体性”。归根结底，作为社会基本单位的个人，不是杂乱无章的原子，而是作为人类诸多个人的个体性。这个个人不是“个人主义”情形下的个人。

小知识

国民国家：在现代通常存在的国家的形态。它是使用通用语言，由有着“国民”归属感的成员构成的国家。虽然划分了国境，但个人的基本的归属感不是在国家，而是在自己所出身的部族，这样的国家不能称为国民国家。

大家是人类的事实不会改变

那么，成为社会的基本单位，作为“无可替代的存在”的个人究竟指的是什么呢？能够将这一点清晰说明的是黑格尔的“个别性”理念。

黑格尔认为，个别是“以特殊为媒介的普遍的实现”。这意味着什么呢？

某个个人是作为自己本身的个别的存在。我这个个人具有各种各样的社会属性。比如，我是日本人，是男性，具备各种各样的特殊性格。同时，我们是一般人类，以“特殊特征”为媒介，无论有着怎样的差异，都共同拥有人类这个“普遍性”。

像这样，个人是具有人种和性别的“特别性”的人类。如果从强调个体是“以特殊为媒介的普遍的实现”的黑格尔的观点来看的话，与人种和性别这样的“特殊特征”相比，人类这个“普遍特征”比较重要。但这个重要的普遍特征也终究只是体现在每个人身上的手段而已。归根结底，目的是创造“无可替代”的你和我这样的个人。

根据黑格尔的理念来思考的话，个人虽然具备人种和性别等特殊性，但本质上始终是人类这个存在。既不是完全一样的东西，也不是相互没有任何共通性的杂乱不同的存在。

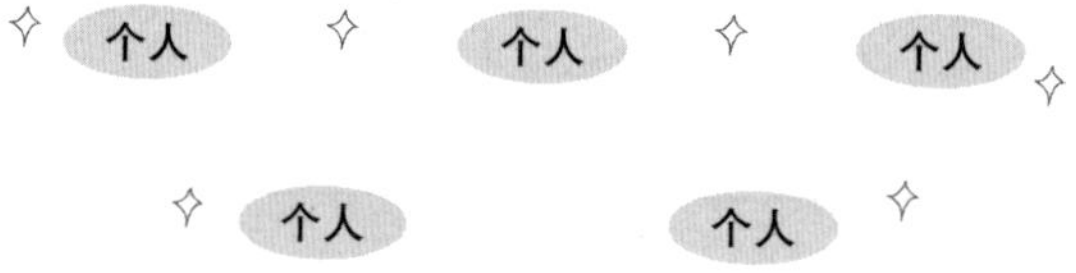

大家都是“不可替代”的存在

哲学中“个人”的意义

在这种意义下的个人是社会的基本单位。这意味着人类联合的依据不是人种或性别这样的特殊特征，而是无论有着怎样的差异都是因为具有人类这个“普遍的共通性”。然后，作为体现人类这个普遍性的存在，每个人都应该受到尊重。

社会的基本单位是个人，这是事实问题，也是规范提出的相关伦理问题。我们的社会是通过个人与同类的联结才成立的，因此每个人都应该作为无可替代的存在相互尊重。

09 失业和贫困等问题是能够克服的吗？

市场经济

与自由相辅相成的市场经济

由哲学意义下的个人所组成的社会中存在各种各样的问题。其中，特别重要的问题是失业或贫困。从伦理的观点来看，这两个问题也是必须克服的。

刚才说明了在社会上“个人的自由必须最大限度地被尊重”。因此，干涉个人自由的国家权力不应该存在。

不干涉个人自由，克服失业和贫困就会变成非常困难的事情。因此，为了解决这两个问题，市场经济下的生活在目前是有利的。

我们没有进行过关于市场经济的专门讨论。虽然没有特别的说明，但大家平日所生活的经济的形态可以认为是市场经济（指是资本主义的市场经济，也有非资本主义的市场经济）。

市场经济中，除了没有责任能力的未成年人等，商品可以销售给任何拥有支付能力的人。只要付钱，什么都能买到，不会问谁为什么购买。购买生存所必需的生活物资时，原则上是要保障匿名性的。

就像是无记名投票一样，市场经济也有符合“尊重个人自由”的要求。但是，市场经济也有行情的波动，不景气时也会产生大量的失业者。市场存在竞争，竞争对手之间竞争激烈。胜者为王，败者为寇。也就是说，富裕和贫困是如影随形的。市场经济的社会整体充满了“竞争至上”的气氛，失败者的失败原因往往被归咎为“自身问题”。

像这样，市场经济显然是有利有弊。那么，非市场经济又是怎样的呢？

基本收入是有效的吗？

那么，如何解决失业和贫困问题呢？办法有很多个，其中一个办法就是导入基本收入，给社会全体成员发放基础的生活费。可以说，这个方法能够让全体成员的生活得到保障。在这种情况下，即使不工作也能够生活，所以不会产生贫困。然后，因为不工作也可以生活，所以失业问题也得到了解决。

小知识

基本收入：保障社会全体成员最低限收入的制度。通常被认为是社会主义政策，但是“小政府”的支持者也在提倡通过缩小行政服务来取代仅保障收入的形式。在类似的制度中也有如果收入低于一定程度，就不用向政府缴纳税金，反而会收到补助金的所谓的“负所得税”。

对于基本收入，无论是谁都会有很多的疑问。其中，最具代表性的是“发放金额的基准”和“财政来源的确保方法”。发放金额的基准，作为现行生活保障费用的标准，该怎样确保它的财政来源呢？当然，非常高的生产力水平是必要的。可是，在不工作生活也能够有所保障的状态下，要怎样保障高度的劳动生产能力呢？

说起来，也存在“即使不工作也能够生存”的经济形态在资本主义的框架内能否实现的疑问。在“不劳动者不得食”的口号下，资本主义需要将不工作就无法生活的现实持续正当化。不用说，富贵不会从天而降，因此需要有人工作生产。

但是，如果能从劳动的义务中解放出来，谁还会愿意主动工作呢？结果，如果作为义务均摊劳动的话，也还是会出现“仍然是普通的资本主义吗？不会变成中央调控的计划经济吗？”这样单纯的疑问。

可是，如果对照在第 4 章中提及的环境问题的话，资本主义这个经济秩序预测是不可持续发展的。因此，要实行基本收入或实行其他什么，必须积极摸索超越资本主义的经济形态。

无论如何，失业和贫困问题理论上都应该是有很多个解决方法的，但事实上想要解决这个问题还是相当困难的。

小知识

市场经济（Market Economy）：指的是通过市场来配置社会资源的一种经济形式。简言之，就是市场作为商品或劳务交换的场所或接触点。市场可以是有形的，也可以是无形的。在市场上从事各种交易活动的当事人，称为市场主体。市场主体以买卖双方的身份参与市场经济活动，活动中不仅有买卖双方的关系，还会有买方内部之间、卖方内部之间的关系。

10 金钱存在于这个社会上的理由是什么？

自由货币制度

钱是怎样诞生的？

大多数的人认为这个世界存在钱是理所当然的，没有货币的世界是不可能存在的。可是，没有货币的世界虽然实现起来比较困难，但在理论上是能够充分成立的。

那么，货币指的是什么呢？为什么钱会存在于世呢？

货币被认为是自古以来就有的，但回顾历史的话，会发现货币的诞生却不是那么久远。说起来，没有货币的生活是能够轻松想象的。

例如，你和我出生在一个与自己的家庭在远亲范围内有着淡薄“血缘”关系的共同体中，在不走出共同体的情况下终结一生。这个共同体的规模是数十人到数百人。也就是说，在这个“社会”中，谁做了什么，怎样做的，全体成员都知道。因此，生活所必需的物资是在共同体内部直接进行分配的。

在这样的社会中，完全不需要货币。因为物资交换自身没有走上正轨。可以想到，人类在较长的一段时间内生活在这样的共同体中。交换步入正轨必须等到共同体之间的交流日益频繁，开始发生交易的时候。众所周知，货币流通没有“悠久的过去”。

起初的交易，当然是物物交换，这延续了相当长的时间。交易的目的是获得自己的共同体中无法生产的物资，所以直接交换相互看中的物品是合理的。不久，交易的频度和物品的数量不断增加，培养了相互间的“信用”，产生了想要“错时”交换的欲求。这边想要的物品要到秋天才能得到，那边想要的物品要到春天才能得到。因此，就需要作为双方各自物资的共通指标的“第三媒介”。

货币就这样诞生了。“交换物品的共通指标”是货币的最初职责。这样说来，我认为货币没必要是贵金属，更没必要是写有数字的纸片了。与被交换的物品不同的其他具体的物资不是也可以吗？

实际上，即使是现在，如果某个国家的政情不稳定，该国家的通货失去信用时，有用处的物资（产品）取代货币的情况也时有发生。某个国家的人们在物价不稳的情况下，可能更想用香烟或圆珠笔来代替本国钞票。在这种情况下，香烟或圆珠笔显然是“货币”。

可是，特定的产品作为货币终究只是一时之计，它通常不能取代货币。为什么这么说？因为通常的产品会随着时间损耗、最后消失。可是，作为交换媒介的货币具有这样的性质，那便无法使用。因为货币需要具有经久耐用，不易损耗的特性，所以选择了金、银这样不会随着时间的流逝而腐烂的材料。也就是说，拥有很多货币的人能够永久保持很高的购买力，在社会上拥有强大的力量。

对“货币魔力”的警告

货币，作为给予其拥有者永久的强大力量的存在，给哲学家们带来了强烈的影响。这种影响好像从苏格拉底时代便开始了。

苏格拉底阐明必须追求好的生活远过于生活，他说为了好的生活“照料灵魂”很重要。举例来说，妨碍照顾灵魂很重要的要素之一就是“为钱所困”。就像地位和名誉一样，钱是谁都想要的东西，可是对于人类来说却并不是真正重要的东西。苏格拉底在警示我们，金钱是使人类堕落的东西。

小知识

照料灵魂：由于苏格拉底没有留下任何著作，事实上他思考了什么都是坊间传闻而来的。但是，苏格拉底曾向雅典市民询问人生的意义，阐明追求好的生活远过于生活、不能为了好的生活被金钱和地位这样的世俗的价值困住，要照料好你自己的灵魂。这些被认为是真实存在的。

以苏格拉底为开端，各种各样的哲学家和思想家就“货币的魔力”这一思考给予了人们警告。

人类应该清楚地认识到货币的问题点，并寻求解决的方法。尽管如此，货币仍然在流通，“钱断情亦断”这样的世道依然在延续，这是为什么呢？

归根结底，这是因为货币具有便利性。如果没有作为交换手段的货币，经济运营便不能顺利进行。然而，作为货币的“交换手段”并不是货币魔力的源泉。

例如，试着思考一下下面这样的生活。居住在所有的生活物资都能够买到的大型购物中心的旁边，不发现金而是将商品兑换券作为生活费进行发放。但是，商品兑换券有期限，而且兑换券的有效期只有半年。因此，不能通过买卖商品兑换券获利。即使这样生活，也没给我们的生活带来什么困扰，因为世界上的商品都可以通过购物中心直接入手，或是通过发订单间接入手。

这样的生活与我们如今的经济体制大不相同。充当货币的商品兑换券会随着时间的流逝而消逝，所以人们无法存储货币，也无法参与运用货币增值的金融活动。不能存储商品兑换券，所以就不会存在有钱人，大家都是同等的生活水准。没有有钱人，也就是说，没有通过从别人那里获取财富来增加利益的人存在。

有些人认为这样的经济体制反映了努力就会有回报，但对于追求收入差距的人来说，这个社会会令他们感到不满。因为住豪宅、开豪车这样的奢侈生活，在这样的社会中不能享有。但是，如果认为通过限制高收入的奢侈生活，从而保障实质上的平等更为重要的话，这个商品兑换券经济应该比资本主义更加让人期待。

没有货币的社会能够实现吗？

像这样没有有钱人，也没有人为贫困烦恼的平等社会，存在的关键在于对货币永久性的否定。明确提出这一点的是德国的经济学家格塞尔。

小知识

西尔沃·格塞尔（Silvio Gesell，1862—1930）：德国经济学家。在日本是“只有内行人知道”的存在，但在欧美很久以前就出名了，爱因斯坦也是他的狂热粉丝。最近日本也翻译了格塞尔的著作 *The Natural Economic Order*（1920），出版了他的入门书等，他开始受到关注。

格塞尔倡导的货币与通常的不同，他倡导会随着时间的流逝一起腐烂的“自由货币制度”。这种货币被称为“印章货币”，指的是每隔一段时间在纸币背面印上相当于印花税票的图章。

例如，将一万日元纸币的背面每隔半年印上一千日元的印章形成制度。如此一来，原本拥有的一万日元在五年后消失在印章费中，原本拥有的价值最终变为零日元。

这个自由货币制度在现代作为专门的“地域通货”的一种，以限定流通为前提被提倡。但是，如果自由货币制度不被限定而社会全体都导入，那么这个社会就不再是资本主义，资本主义意义下的货币实际上也会消失。

小知识

地域通货：国家发行的法定通货以外的货币。但是，由于在日本无法发行政府以外的通货，所以它并不是严格意义上的货币。仅在某个特定的区域内流通，不能与法定通货进行兑换。它的使用能够体现出使用通常的货币所看不到的现象，在启示经济活动的本质或应有的经济状态的同时，也能够活跃地域内部的交流，有助于构筑亲密的人际关系。

归根结底，从我们所空想出来的商品兑换券经济，或格塞尔的自由货币制度来看，没有货币的社会在某种意义上是可能的。

如果连进行交换的指标这个功能也否定的话，“没有钱的世界”便倒回了直接进行物物交换的时代，那就会变得非常不方便。在这个意义下，货币不会消失，也最好不要消失。

就像其他的财产那样，货币也具有通过储蓄、运用使其增多的“致富功能”，与否定它的“交换功能”相比，去否定这个“致富功能”反倒有可能带来实质上平等的社会。

这样看来，金钱在这个世上存在并不是因为它是类似于人类社会的“永远的自然条件”的事物。在作为文明生活基础的交换手段的意义之下，货币不会消失，也不必消失；但作为具有导致过度富裕和与之相对的贫困出现功能的货币，它可以消失。

当然，这里讲述的内容只是理论而已，现实与理想仍相去甚远。但是，谈论理想的才正是伦理学。

11 国家和恐怖组织的暴力有什么不同？

合法的暴力、非法的暴力

个人的权利期望获得最大限度的尊重。因此，对于侵害个人权利的行为要有相应的惩罚，特别是对于刑事犯罪行为更应给予严惩。

在刑事处罚之中有一项被称为“自由刑”，是指受刑者被关押在类似监狱的专门设施中，剥夺其行动自由的刑罚。当然，如果没有强权，这个刑罚是无法实施的。

事实上，在关押受刑者时，为了防备出现反抗的情况，权力机关在关键时刻会毫不犹豫地行使暴力。在日本，行使权力的单位是国家，给予刑罚的是国家权力。权力之所以为权力，是因为对于不服从者能够行使压倒性的暴力。

日本的《刑法》中“最重的罪”几乎不为人所知。它是《刑法》第八十一条的“诱致外患罪”。对于“通谋外国，致使其对日本国行使武力的人”的惩罚，只能是判处死刑。当然，它是特殊的罪行，目前还未发生过适用的案例（如果有就糟糕了）。

最重的罪适用于意图颠覆国家的计划，这证明了国家是绝对不允许在自己的国家内有优越于自己的暴力武装（外国的军队）存在。的确，暴力机器是国家权力的身份象征。

在日语中“权力”和“暴力”给人不同的印象，但在德语中“暴力”使用的是“gewalt”（ゲバルト）这个词语。它是“内ゲバ”（内部ゲバルト：在障碍内部相互斗争的意思）的词源，这一个词语就有权力和暴力两种意思。虽然在日语中是分开的词语，在德语中却是一体的。这也能够很好地表现出权力的本质。

恐怖行动是制造非法的恐怖行为

那么，国家的暴力与所谓的恐怖行动的暴力有不同之处吗？

恐怖行动的词源是法语的“terreur”，“terreur”是相当于英语的“terror”（恐怖）的词语。也就是说，恐怖行为是为了制造恐怖，采用了暴力手段。国家的暴力最终也是为了能够给犯罪者制造恐怖，因此暴力是为了达成恐怖这个目的的手段。在这个意义之下，国家和恐怖的暴力没有不同之处。

可是，国家的暴力是依据该国的法律“合法地”行使。相反地，恐怖行动的暴力是“非法地”行使。这是明确的不同之处，在这里需要清晰地进行区别。

将国家的暴力和恐怖行动的暴力作为性质完全不同的行为进行区别是非常危险的。之所以这么说，是因为恐怖分子的暴力行为与普通的、单纯的犯罪行为不同。恐怖分子是有计划地实施暴力行为，他们拥有犯罪者所没有计划的。

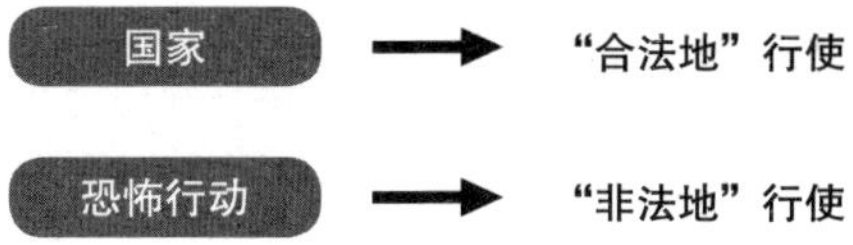

两种暴力的不同之处

贯彻非暴力的甘地的姿态

说起来，大义是指超出法律范围的正义。法律不一定总是体现正义，历史上有着无数次的证明。

美国的民权运动家们曾经故意连续坐“有色人种”被禁坐的白人专座，怀着抗议的心情任由警察逮捕。如果将有着非法行为的人全部归入恐怖分子一类的话，那么他们也会变成恐怖分子。可是，现在却没有人称呼罗莎·帕克斯（1913—2005）或马丁·路德·金（1929—1968）为恐怖分子。这是因为他们的活动始终是“非暴力的”活动，绝不可能被称为恐怖行动。

然而，如果是小规模的运动还说得过去，如果是大型集体的抗议活动，即使是非暴力的，只要被非法地强制执行，就会反映出对权力的巨大威胁。

以帕克斯夫人和金牧师为模范的甘地，其“非暴力不合作”的言论让人印象深刻。

但是，对于甘地来说，政治活动是“Satyagraha”（坚持真理）的一环。Satyagraha 的意思是抓住 Satya（真理），对于甘地来说真理就是神本身。在甘地所信奉的毗湿奴派的印度教中，最重要的是遵循神意坚持 Ahimsa（不杀生）。非暴力是为之实现 Ahimsa 的手段。

所以，Satyagraha 是遵循神的法则，是通过决不后退的决心来实现作为神意的 Ahimsa。自己不杀生，但不介意自己被杀死，拼命的抗议行动是 Satyagraha 的行动。

因此，不应该通过“非暴力”这个词把甘地的信徒想象为像鸽子一样温顺的团体，而应该将甘地的抗议活动理解为类似于“人类之盾”的活动。搭上性命的非暴力运动对权力来说有多大的威胁呢？从当时的权力者的角度来看的话，甘地是被视为恐怖分子的。

这是符合普遍规范的行为吗？

这样来看的话，就出现了究竟谁是恐怖分子的问题。仅仅是非法的话，使用“恐怖分子”这个否定全部人格的词语是很拙劣的。虽然不希望出现使用炸弹袭击剥夺很多人性命的恐怖行为，但为了报复无差别轰炸恐怖分子的行为就是正义的吗？这不是更加大规模的恐怖行动吗？

小知识

M.K. 甘地（Mohandas Karamchand Gandhi，1869—1948）：作为印度国父被称为“圣雄”（伟大的灵魂）。他倡导根据斯瓦拉吉（自治）的理念引导印度独立。甘地虽然批判了种姓差别，但认可了种姓制度本身。他虽然是虔诚的印度教徒，但因为呼吁和伊斯兰教徒和平相处，被印度教原理主义者暗杀。

那么，怎样思考比较好呢？这些是否符合恐怖分子所提出的“普遍规范”的大义呢？恐怖行为“是否能作为规范的实现手段被容许”呢？要根据不同的情形分别进行深入探讨。

在大多数的情况下，无差别恐怖行动都不应该被允许。但是，如果是锁定对象的恐怖行动，大家就不会提出异议了。

例如，就像皮诺切特时代的智利那样，独裁权力者使用警察的权力搜查出反对者，经过严刑拷问之后进行处决。在这样的情形中，将反抗权力的暴力一概称为恐怖行动予以否定，这不是非人类的错误思维吗？

这样的国家暴力与恐怖行动的暴力不能作为性质完全不同的事物进行区分。主张自己的判断正确无误的国家权力虽然经常使用“恐怖分子”这个词来诡辩，但历史也证明了国家权力并不是无谬误的。

当然，恐怖行动是必须被否定的。可是，那仅限于未经过深思熟虑的，其行为并不是正当对抗暴力的情况。轻易使用“恐怖分子”这个词反映了权威主义的无批判态度。从伦理学的角度来看，这样简单的思考模式当然应该改正。

03
伦理伴随我们终生

01 为了大多数人就可以牺牲掉少数人吗？

民主主义

多数表决的意义是指什么呢？

我们在做某件事时，都希望毫无疑虑地进行下去。与优柔寡断、瞻前顾后相比，还是能够迅速、准确地做出判断比较好。但这是针对自身的事情而言，如果事情的对象换成了集体，情形就不同了。

在第 2 章中强调了人类是多种多样的，必须尊重人类的差别性这个事实。人类的差别性导致了想法的不一样，因此往往会出现意见分歧。当然，即使是在集体做某件事的情形下，也最好达成团结一致，为此需要征求每个人的同意。

然而，这样会花费很多时间。如果是制定法律或者修改宪法这样重要的事项，当然希望在花费了充足的时间后全员能够一致同意。但是，即使这样，出现意见分歧也是常有的事。

如此一来，就会出现少数服从多数，不顾忌反对意见的情况。例如，日本在很长的一段时间内“权势者的一句话”就是最终的决定。在天皇那样的绝对权力者的面前召开“御前会议”，大臣们在进行充分的讨论之后向上禀报，等待君主裁定，意见被驳回的发言者也要认同“主上决定的事情”。

也有少数的精英做出全部决定的方式存在。但对于这些决定方式，基本上没人会同意。因为这些决定方式缺乏“人类必须平等”这个重要理念。人类是平等的，所以“不能认同有特权的少数人支配多数”。

全员表决结果不一致时，应该尊重多数人的意见。多数表决是基本原理。一般而言多数表决要优于少数表决。如果人们不希望被贵族支配的话，那么就需要尊重多数表决。

然而事实上，多数表决包含了少数意见的舍弃，因为反对者也要遵从由多数表决所决定的事情。

尊重多数表决的原因

极端状况下的进退两难

为了多数牺牲少数比为了少数牺牲多数要好，少数派的人们接纳了多数派的意见。可是，这些始终是在日常生活层次的情形。如果处于非日常的极端状况下，情况就又会不同了。

极端状况是指大多数人一生中也不会遇到一次的异常事态。也就是说，事关生死的决定却不知道选哪个的进退两难的状态。

说起来，伦理学是日常生活中的“实践的指标”，因此考察非日常的设想的意义究竟有多少仍不明确。但是，认为“正是在极端状况下做了什么才能够体现出这个人的真正价值”的大有人在。此外，伦理学说的真正价值正是在极端状态下才能够得以体现的想法也有一定的道理。在这里，试着思考一下为了多数人的利益不得不牺牲少数人的极端状况。

假设，人类已经可以轻松地享受宇宙旅行的乐趣了。宇宙飞船的驾驶变得非常简单，像租车一样能够轻松租到。旅行用的宇宙飞船配有紧急逃生飞船。紧急逃生飞船安装了直达地球的程序，只要坐上船就能够得救。

那么，理所当然，宇宙飞船和紧急逃生飞船的定员人数是同样的，但是由于宇宙旅行非常火爆，所以人员超载的旅行频繁发生。

在这种情况下，某个旅行者搭乘了定员人数四人却坐了五个人的宇宙飞船。可是，运气不佳，宇宙飞船由于引擎故障无法返回地球了。乘坐紧急逃生飞船确实能够得救，但逃生飞船只能坐下四个人。

这种情况下，要怎样选出留在宇宙飞船内的那个人呢？

好好商量全员同意的话还好。可是，如果这五个人都是同一代的朋友，都是单身，都没有必须守护的家人，这可怎么办呢？在这种状况下，想要取得全员意见一致是非常困难的。

多数表决一直是有效的吗？

那么，这样的情况下，多数表决不是比较好吗？但是，这就不得不进行微妙的展开了。遵从民主主义的原则，要进行无记名投票，然后全员开票。一次能够决定的话还好，如果票数分散需要再投票，特别是对前两名进行决选投票的话，就变成剩下的三个人决定这两个人的生死了。

小知识

民主主义的新型展开：民主主义是现代社会的基本体系，但容易引发“数字决定一切”的形式化。作为活跃民主主义的方法，在现代政治哲学中，提出了强调市民参加政治必要性的“激进民主”，注重经过市民相互间深思熟虑讨论的“熟议民主主义”等多种多样的民主主义论。

面对这样的状况，任何人都会觉得把多数表决作为决定方式并不恰当。不管多数表决是多么好的决定方法，由一部分人来决定别人的生死都是不可取的。这应该是所有人的共识。

上述极端状况超出了人类智慧，可以考虑用抽签来决定。也就是说，在我们不了解真实的情况时，多数表决往往是最恰当的方法。在日常的情景下多数表决很有魅力，但在极端情况下，却是没有说服力的做法。尽管如此，如果把日常生活中的重要事项通过抽签来决定的话，就会倒退回古代社会的“神圣政治”了。因此，我觉得只能尽可能地根据当时的情景进行反复考虑。

敢于选择“有尊严地死”

为了大多数人继续生存而牺牲“少数人”的话题，往往是设想得最多的极端状况。继续生存被认为比死好，尽可能地救助大部分的人被当作“善”的前提。

这是明显的归结主义，是功利主义的思考方式。在不能救助全部人员的情况下，功利主义是希望牺牲少数、救助多数；认为应该避免出现牺牲多数、救助少数，或是牺牲全体人员的情况。

当然，这对我们的直觉也是强有力的控诉，几乎没有反驳的余地。可是，果真是这样吗?

在这里，我们根据实际情况再来设想一下超出平常的更加悲惨的情况。假设飞机在冬季坠落在荒山上，救援队伍迟迟不来，幸存者逐个死亡。在这种情况下，谋求最大限度地生存是归结主义的思考方法。当然，人们为了继续生存下去用尽了各种方法。实际案例中，部分人为了延续生命不惜吃死者的肉，当然也有觉得吃人肉不好而饿死的人。归结主义认为吃人肉的团体做出了正确选择，不吃的人错失了继续生存的机会。

理所当然，任何人都想生存下去，极端状况下吃人肉也不算犯罪。可是，吃人肉本身是令人厌恶的事。拒绝吃人肉而饿死的行为，也可以说是用性命在抗拒吃人肉这个恶行。与为了生存丢失人性相比，他们选择了“有尊严地死”。

这样的思考方式，日本人应该比较熟悉吧。他们认为，与“耻辱”的生相比，应该选择“干净”的死。此外，作为伦理学之祖的苏格拉底，像柏拉图的《对话集》中所描写的那样，尽管有很多次逃脱死刑的机会，但仍然拒绝劝解其逃亡的友人们的请求，认为恶法亦是法，自己饮鸩而亡。

当然，从这样的描述来说，笔者并没有谴责为了延续生命而不择手段的人们的意思，也并不认为功利主义是错误的。但是，我们至少应该反省一下，不能理所当然地将其作为归结主义的前提。

小知识

一人一票的是与非：成人享有一人一票的投票权是民主主义的根本，但是作为决定政策的手段来思考投票的话，将政治知识丰富的人与无知者一视同仁算一票的话就会出现疑问了。穆勒在《代议制政府》（1861）中以防止多数人的专横为理由支持复数投票权。在现代，罗尔斯虽然不像穆勒那么明确，但也暗示了一人一票的问题点。

02 面对脑死亡，我们该如何思考？

器官移植

脑死亡是指什么?

在上一节中，我们尝试着思考了在极端状态下的伦理选择。说起极端状态的话，脑死亡在事实上也是极端的状态。关于脑死亡，有非常多的伦理难题摆在我们面前。在这里，我想对于脑死亡进行一下思考。

大多数的人知道脑死亡这个词语，但知晓其正确意思的人应该很少。例如，我们曾看到讲述“脑死亡恢复”的新闻，但这在认知上其实存在误解。因为脑死亡是指全脑功能“不可恢复的状态”。

那么，脑死亡是怎么回事呢？

在讲述这个问题之前大家需要先理解脑死亡是非常稀少的情况。通常，人死亡时，首先心脏会停止跳动，但脑死亡的状态下心脏仍在跳动。心脏如果停止跳动，血液就不会流向脑部，这样脑部的运作不久也会停止。如果将“心脏死亡 + 脑死亡”作为普通的死亡，那这种死亡与脑死亡恰恰相反，脑死亡的顺序是“脑死亡→心脏死亡”。脑死亡是特殊罕见的方式。

要理解脑死亡需要知道“脑部的基本构造”。在讨论脑死亡时，通常是将脑部分为两个部位进行思考。

第一个是“大脑”，它是掌管“意识和语言”能力的部分。大脑非常重要，它除了掌握“意识和语言”之外，还能感知“快乐和痛苦”。第二个是“脑干”，它是指大脑以外的脑部深层部分。脑干承担了呼吸机能这样的维持个体生命的机能。

因此，脑死亡在广义上分为以下三种。

（1）大脑的机能丧失了但脑干仍活着的“大脑死亡”。

（2）大脑和脑干两方面的机能都丧失了的“全脑死亡”。

（3）非常罕见，仅脑干丧失机能的“脑干死亡”。

	大脑机能	脑干机能
大脑死亡	×	○
全脑死亡	×	×
脑干死亡	○	×

广义上脑死亡的种类

在狭义上，“全脑死亡＝脑死亡”。在日本，法律上仅将全脑死亡认定为脑死亡。

如果全脑死亡就无法自主呼吸了，因此要借助“人工呼吸器”来确保呼吸。此时，大脑没有恢复意识，心脏停止跳动前的临床状态被称为脑死亡。患者一旦进入脑死亡状态，不久心脏就会停止跳动。这个时间会比较短，通常是数日到一周，长期持续的情况比较罕见。如果“脑死亡恢复”，那就不是脑死亡，是误诊。

虽然“植物状态”和“脑死亡”经常被混淆，但两者是不同的。在植物状态下，由于“脑干”在运转，所以能够自主呼吸。脑死亡状态下心脏不会长时间持续跳动。但在植物状态下，数十年生存下去也是有可能的。然而，即使处于植物状态大脑机能也受到了损伤，因此患者不会感知到痛苦，即使被掐也不会有反应。

脑死亡是“死亡”吗？

这就涉及了“如何定义死亡”这一问题。首先，如果将“心跳停止”这个古典的死亡状态作为死亡的话，脑死亡就不是死亡。相反地，如果死亡是指曾经的“人格”永久地从身体里消失的状态，脑死亡就是死亡。也就是说，脑死亡是死亡的这种思考方式，是以控制中枢神经系统的脑部永久地丧失功能为基准的。

可是如果这样的话，仅有“全脑死亡”没有理由成为脑死亡。如果大脑是精神基座，那么像思考和记忆这样的行为，现代科学认为基本上是由大脑担任的。于是，应该怎样区分“植物状态”和“全脑死亡”就不知道了。

确实，植物状态与脑死亡不同，它有“恢复的可能性”。但是，如果植物状态变成长期化，就会显现出明显没有恢复希望的状态。令人难以置信的是，“大脑最终会溶解”。

脑组织血流不足就可能坏死，不久就会溶解出来。因此，扫描组织已经溶解的大脑，就会发现它已经明显萎缩了。长期陷入植物状态的重度患者的脑部据说仅残留“脑干部分”，其他大部分都溶解了。如果大脑已经溶解，即使脑干能起作用，意识恢复也是绝对不可能的。归根结底，如果以人格为基准的话，就没有理由来区分全脑死亡和大脑死亡（植物状态）。

死亡的定义由谁来决定

说起来，“人的死亡是什么”“人什么时候死亡”等，事实上谁都不知道。古罗马时代的唯物主义哲学家卢克莱修曾解释说，人一旦死亡，构成魂魄的细微的Atom（原子）就会从体内溜出去。这种情况下，完全的死亡不是指脑死亡，也不是指心脏死亡，而是指原子从身体里溜出来的瞬间。

小知识

卢克莱修（Titus Lucretius Carus，公元前99—前55）：古罗马的唯物主义哲学家。在其主要著作《物性论》（*De Rerum Natura*）中，采用诗歌的形式解说了伊壁鸠鲁原子论的本质。他将伊壁鸠鲁所认同的原子脱离直线而“偏斜”作为人类自由的依据。可以说卢克莱修是哲学史上最早将自由定位在存在论深度的哲学家。

我觉得现代信奉唯物论的人没有像卢克莱修那样思考的，但如果是观念论者或者是宗教信仰者的话，这样的设想也并不是那么不合理。

这样的设想是否正确，当然无从证明，但也无法证明它是错误的。当然，过于异常的设想是不合理的，但在心脏停止跳动后的短时间内，人的灵魂仍继续逗留在身体内的主张也不能证明其不合理。

类似这样，这些关于人类死亡时间的主张，并不是谁都能绝对认可的“客观事实”，也不应该把某个特定的想法作为真理来强求。可以认为脑死亡是死亡，也可以认为心脏死亡是死亡，甚至也可以认为还存在除此以外的死亡状态。究竟哪一种是正确的，谁也不知道。

因此，脑死亡究竟是不是代表人的死亡，取决于你自己是如何认为的。

脑死亡和器官移植的关系是什么？

患者一旦陷入脑死亡，就绝对不会恢复，只能等待心脏停止跳动。换句话说，脑死亡是在心脏死亡这个确实的死亡之前的、像是“被拉长了的死亡”。如果脑死亡被这样理解，没有人希望这样的时间被延长，因此，即使自己处于脑死亡的状态，“希望尽可能维持久一点”的人应该也会减少。此外，国家也应该转变医疗政策，对脑死亡进行立法。

事实上，提供安乐死的“临终关怀看护”中，过度的续命措施被撤掉，让脑死亡患者活着的措施也没有被程序化。

小知识

临终关怀看护：是指对于癌症晚期等临终患者，为了使他们能够迎来安乐的死亡，缓解其肉体及精神上的痛苦的医疗设施或医疗手段。

尽管如此，在医疗现场也不希望出现脑死亡患者，人工呼吸器的开关被直接关掉的情况。我们不得不考虑，脑死亡这一事物是否迎合了某种社会性的要求，并给予了人们积极的意义。

像心脏移植这样一旦将内脏器官摘出，捐献者（内脏器官提供者）就会死亡的情况，在器官移植中需要避免。因此，捐献者必须是脑死亡者。

与肾脏等内脏器官不同，如果认为像心脏这样被摘出就直接死亡的内脏器官也有移植必要的话，就不能否定脑死亡。脑死亡的存在理由，就算说为了内脏器官移植而存在，也不是什么大过错。但是，即便如此，出于这个理由便要求脑死亡应该存在，也未免过于轻率。谁都想活着，不想死。如果移植心脏可以延长生命，当然希望能够移植。

可是这里也会产生与前面所叙述的吃人肉类似的问题。为了延续自己的生命而希望别人死亡的想法很奇怪，宁愿“选择死”也不接受器官移植，生活中也有这样的人。当然，无法说究竟哪一种选择是正确的。在这里，决定什么是正确的还是在于你自己。

03 只要能够获胜，服用兴奋剂也没问题？

合成代谢类固醇

兴奋剂的诱惑

为了自己能够生存而利用他人，在某种意义上是不择手段的做法。越是渴望达成目标，就越会在选择手段上不慎重，这类行为在体育等竞赛中表现最为显著。体育世界是凭实力对抗的世界，胜利者会赢得光荣和报酬。可是，谁都想赢，都不想输。于是，竞技水准会越来越高。

为了赢需要先人一步，但大家都在不懈地努力着。这时就会出现兴奋剂的诱惑。兴奋剂是指摄取违法的成分，让身体的神经肌肉受到刺激，从而使人达到兴奋状态的一种药物。兴奋剂的使用方法有“日常持续摄取法”和“竞技前夕摄取法”两种。兴奋剂种类非常多。

现在，竞技前夕都会严格检查是否摄取兴奋剂，所以类似奥运会这样的大型比赛基本都不能注射兴奋剂。因此，“持续摄取型”成了兴奋剂使用的主要问题。也就是，企图通过调整摄取时间，防止在正式比赛时被查出阳性反应。

如果摄取类固醇的话……

运动员使用最多的药物是肌肉增强剂，其代表是合成代谢类固醇（以下简称“类固醇”）。

以肌肉增大为目的进行重量训练，如果能够保证充足的营养和休息，睾丸素作为男性荷尔蒙的一种会被旺盛地分泌，肌肉会变大，肌肉力量会提高。类固醇是将睾丸素所具有的肌肉增强作用特别化的物质。因此，通过服用这个，能够使肌肉力量比自然状态发达得多。

进行重量训练时，通常不能每天持续进行同一部位的肌肉运动。为了使肌肉恢复，需要空出一天多的时间。但是，如果使用类固醇的话，恢复速度就会飞跃性地提高，也能够每天训练同一个部位。理所当然地，使用类固醇的选手，在短时间内取得的效果更大。

类固醇最大的特征是摄取得越多效果越好，这一点在过去盛行的实验中得到了证实。不过，它存在损害健康的重大的副作用，因为它会随摄取量成比例地增加危险。

可是，即使这样，它的效果也非常显著。因此，即使冒着副作用的危险，使用的人也层出不穷。特别是在肌肉力量直接影响实力的竞技中，不检查或检查不严格时，选手就会使用这类药物。

此外，健身与类固醇也有着不可分割的关系。在美国有着与日本不同的健身专业制度，据说大多数的健身者在使用类固醇。

顺便说一下，日本的健身者基本上仍注重自然的状态。也就是说,与美国的专业健身者比肩的拥有较好身体的人比较少。不过，最近在美国也开始盛行“自然健身”了。可是，“自然健身”的人与使用了药物的健身者比赛的话是绝对不可能赢的，因此大赛一般会单独召开。

兴奋剂是否应该全面解禁呢?

那么，对于这样的兴奋剂应该怎样考虑比较好呢?

首先，兴奋剂在其被禁止使用的竞技中绝对不可以使用。因为使用兴奋剂不仅违背了公平原则，也违反了体育精神。可是，将兴奋剂全面解禁就变得公平了吗？确实，理论上是公平的，但人们不希望这样做。

如果兴奋剂可以自由使用，在自然状态下赢不了使用兴奋剂的选手，那么大家就不得不使用兴奋剂。如果没有使用限制，肯定会出现为了赢得比赛拼上性命大量使用兴奋剂的选手。结果会显著地损害选手的健康，竞技体育就会变得毫无意义。

如此，全面解禁这个选项是不可能的。如果变成可以自由使用药物的话，可能会出现基因层面的改变，这种改变会使“基因兴奋剂”普遍化。更有甚者，很有可能会生出从出生阶段就开始操控基因的“超人类”的存在。

当然，能够出席奥运会等大型比赛的选手，先天的身体素质都不错，但是，比起身体素质，后天付出努力的人更有机会取得胜利。因此，身体素质一般且不努力训练的人，就想通过操控基因来增强自身的运动能力。

就像这样，使用兴奋剂来取得胜利其实是错误的想法。在公平的条件下，在人类的能力范围内尽最大努力赢得胜利，这才是体育原本应有的样子。

小知识

体育伦理学：质询人类体育是什么、体育应该怎样应用的伦理学的一个分支。具有代表性的论点除了本文中提及的兴奋剂的是与非以外，还有职业拳击废止论等。

04 孩子的养育和家人的看护可以委以他人吗？

竞争、福利

养育孩子的权利和义务是什么？

在第 2 章中说明了个人是“以特殊为媒介的普遍的实现”。在形成个人的属性（本质上的性质）的诸多契机之中，家庭是非常重要的。个人是作为家庭一员（特殊）的人类（普遍）。人类拥有追求作为个人的自由的权利，也有作为家庭的一员担负起责任的义务。这样的权利和义务的冲突代表事例是孩子的养育和家人的看护问题。

思考应该怎样养育孩子时，首先需要明确养育孩子的“Telos”（终极目的）。养育孩子的终极目的是“孩子健康成长”。相对孩子健康成长这个终极目的，其他全都是手段。

孩子的父母在是“父母”这个身份的同时也是一个“个人”。但是，在养育孩子的过程中，父母作为个人的权利必须从属于孩子的成长这个目的。在这里很明显地，“义务”是优先于权利的。

小知识

Telos：终极目的的意思。亚里士多德认为，伦理学的终极目的是通过自身所追求的善事得到幸福。思考事物时明确什么是最重要的目的，关系到讨论主旨的清晰。

虽说如此，父母也有个人的事情。例如，养育第一个孩子的时候还能做到专心，但到了第二个孩子时，就会出现因为工作分不出时间照顾孩子的情况。因此，不得不将孩子放到保育机构中去。所谓的“零岁幼儿保育”也需要考虑在内。

如果将孩子托付给其他人会成为阻碍孩子成长的决定性因素，那就必须辞掉工作。可是，一般来说托付到正规的保育机构不会成为阻碍孩子成长的决定性因素。虽然没有定论，但较多的实例显示这对孩子的成长没有产生恶劣的影响。

然而，如果父母从一开始就认为“孩子的养育可以交给其他人”，那就不应该生孩子。如果不能将育儿和职场工作权衡好，就该仔细思考自身是否可以养育好孩子。

类似这样，在养育孩子的过程中将孩子放在第一位的同时，还应该构筑不会极大损害父母的个人权利的社会环境。如果有需要，虽然也可以将养育孩子托付给其他人，但应该控制在必要的最小限度。选择保育机构时，作为父母也有细心注意的义务。

看护的权利和义务是什么？

看护也存在与养育孩子共通的方面。

没有周围人的护理，日常生活有困难的情况下，需要由某个人进行看护。这个人首先是“家人”。

担当看护任务的人不仅限于子女和配偶，也可能是配偶或子女以外的同居人员。不管是由谁进行看护，放任需要看护的老人不管是不被允许的。以某种形式对需要看护的老人进行照顾是近亲者的义务。

看护也是一样，最终目的是照顾好被看护一方。在看护的情况下，迎接死亡是目的。但并不是让看护方、被看护方都绝望，而是努力让被看护者安乐地死亡。换句话说，要让被看护者充实度过人生的最后一刻，不能让被看护者没有“希望”。

看护也会有个人的权利和义务发生冲突的情景。如果被看护者的症状相对较轻还好，如果处于阿尔茨海默病晚期的话，看护方的压力就会相当大。相对于尽量不交给别人比较好的“孩子养育”，这种情况下积极地讨论将被看护者送到专门机构中去比较好。

说起来，强调看护的义务方面有时会给看护者施加过多的负担。如果是亲生父母还好，如果是看护配偶的父母，承受超出必要的义务容易威胁到个人的“权利”。对于已经发展到超出一定程度的病症的被看护者，将其送入有常驻医生的机构中去比较好。

竞争和福利哪一个优先？

如果看护机构很难进入的话，那就和育儿休假同样，是社会资本的问题。这时，人们是选择“竞争原理优先福利的政策”，还是支持“福利优先竞争原理的政策”？

如果是竞争原理处于优势的社会，通过获胜可能会变得富裕。富裕的家庭可以拿出很多的钱，将父母送进最好的机构中去。但如果是在竞争中失败的人，就只能将阿尔茨海默病晚期的父母留在家里。看护可能会增加家庭的负担，但那是失败者不得不承受的命运。

与此相反，在福利原理处于优势的社会，依据强度的累进税，所得多者多征。身处这样的社会，所得少的人也能够享受周到的医疗、福利服务。

在竞争原理社会中，仅有一部分富裕家庭能够享受先进的医疗和周到的福利服务，可在福利原理社会中，这些先进的医疗和周到的福利服务会被免费或低价提供。大家觉得这两种社会哪一种好呢？

那么，孩子的养育和家人的看护交给其他人是否可行？由于孩子的养育和家人的看护在“义务的一面”比较强大，所以原则上不交给其他人比较好。但是，在孩子或被看护者“不损害其人类尊严的范围内”，父母或看护者的个人自由也应该得到保障。

小知识

关怀伦理：过分强调类似权利或正义这样的普遍价值，批评容易变得僵硬的事物，重视对他人倾注像给家人和朋友一样的亲爱之情的温暖关怀。它是新的伦理形态的一种。

05 穷人能够通过买卖内脏器官来摆脱贫穷吗？

商品化的冲动

战后不久，由于全民贫困饥饿，出现了下面这个传言。据说因为没有可当的物品了，有人反复地在早上把炉灶当掉，再在晚上用当天挣的钱赎回来。

即使身处经济不景气的现在，如此贫困的现象也是很少见的。可是，如果转眼看世界的话，会发现很多国家和地区的露宿者占人口的多数，而不是像发达国家那样露宿者只占少数。

这明显不是人们所期望的社会状态。可是，在这样的社会中生活的人们往往处于“没有出路”的状态。想要做生意无法筹集作为本钱的资金，想要提高社会地位又付不起去学校的学费。越付不起学费就会越穷，因此孩子也不得不干活，没有时间去学校学习。

这样，出生在贫困人家的人会一辈子贫困下去。

买卖内脏器官指的是什么?

那么，想要逃脱这个没有出路的状态，怎么办比较好呢?

能想到的其中一条路就是“犯罪”。可是，犯罪确实能够得到大笔钱财，但也是极其危险的冒险行为。不依靠彩票中奖那样的偶然，没有通过确实始终合法的活动获得大笔钱财的方法吗？有，其中一个办法就是“卖自己的内脏器官”。

买卖内脏器官在大部分的国家都是违法的行为，但在有的国家是合法的。虽然说是买卖内脏器官，其实成为买卖对象的仅是“肾脏”而已。为什么这么说？因为肾脏有两个，就算摘掉一个也不会死亡。

当然，即使只有一个肾脏被摘除，也会给身体造成负担。肾脏变成一个后，不能再进行激烈运动，但日常生活不会受到太大影响。因为只需要移植健康的肾脏，摘除时会做细致的健康体检。

因此，如果翻查器官被摘除者的事后报告，会意外地发现被后悔念头折磨的人非常少。相反，出现了拿卖肾的钱开始做生意，用这笔钱能够赡养家人之类的话。

无法抑制的定价逻辑

听了这些话，可能有人会感觉“买卖内脏器官不是也没那么坏吗”，但买卖内脏器官终归还是不太好。那是因为允许买卖内脏器官虽然是在逻辑的延长线上，但在伦理上是不可取的。这个逻辑是要将所有的物品“商品化”。它是指在传统上不认为能够定价的对象也被定价卖给想买的人的商品逻辑。

如果卖自己的内脏器官作为理所当然的“权利”被广泛认同的话，那就会陷入“一发不可收拾”的境地。而且，如果把卖肾脏变成理所当然的话，应该会渐渐扩大到变卖肾脏以外的内脏器官吧。这样做真的好吗？

另外，如果普及买卖内脏器官，会出现供大于求，会引发“跌价”。如此一来，就不再是“一攫千金”了，而是挣点小钱了。即使是这样，如果不从心理上进行制止的话，内脏器官提供者也不会止步，因为贫穷之根已经深种。

这样的买卖内脏器官完全不是可以合法扩大的事情，而是应该非法化、严格取缔的问题。

为了解决这个问题，只有构筑不依赖买卖内脏器官这样的手段、没有穷人、没有饥饿的社会。说起来容易做起来难，但是除此之外，没有更好的办法。

小知识

卖血：一般不称血液为内脏器官，但在医学上其属于内脏器官。因此，卖血在严格意义上也是“内脏器官买卖”。由于操作起来比较容易，对人体伤害也较小，曾经在日本也很盛行，但因其引发感染症扩大，现在已经被禁止了。将肉体商品化的实例之一就是卖血。

06 『人』应该拥有怎样的品格呢？

备用克隆人、品格

在电影或故事中，经常会有与自己一模一样的克隆人出场。然而，现实中出现克隆人的可能性几乎没有。

据说在培养液里繁殖摄取的体细胞，可以制造“空壳身体”，再在这个“空壳身体”内注入当事人的意识，就会创造出与提取意识时完全相同的状态。阿诺德·施瓦辛格主演的电影中也出现过这样的剧情，完成的克隆人像施瓦辛格那样肌肉发达。它再现了在遗传学上应该不可能出现的后天的获得性状。

而且，短时间内成长的身体应该会在短时间内老化。因此，假如在一年内造出了相当于三十岁的克隆人，一年之后克隆人不变成六十岁就奇怪了。可是，如果这样的话就会失去故事的快乐了。

可实现的克隆人是指什么？

这样的故事中的克隆人毕竟只是思考实验中的假说而已。可是，我们关于克隆人的研究并不是单纯地思考实验，而是为了使用克隆人的内脏器官。

小知识

获得性状：后天获得的性状。一般认为在现代的遗传学中不遗传。比如，在事故中失去了手指的夫妻，不会生出没有手指的孩子。即使父母双亲都被晒黑了，孩子的肤色也不会受到影响。

例如下面这样的做法。到了二十岁时，制作一个是自己的克隆人的婴儿。可是，这个婴儿通过基因操作去除了先天的大脑机能。也就是说，该婴儿从出生开始就是“植物状态”。这个婴儿在胶囊中受到精心的呵护，也确实像植物一样仅有身体变大。二十年后，本人变成四十岁，克隆人变成二十岁。从这以后，随时能够取出克隆人的内脏器官使用。

器官移植中存在的最大问题是“抗原体反应”。将他人的内脏器官认为是“异物”，通过免疫机能对其进行排斥。为了抑制这个排斥反应，在内脏器官移植后必须终生不断地接受免疫抑制剂大量给药的护理。然而，如果是克隆人的话，会和同卵双胞胎间的器官移植一样，因为基因相同，所以不用担心排斥反应。也就是说，能够在非常有利的条件下进行器官移植。

如果这样，就会出现克隆人的人权应该怎样的话题。但是，这个克隆人原本就没有意识，也感觉不到痛苦。

当然为了制造、维持这个克隆人需要花费高昂的费用，但是不可否认的是，付得起这笔账的大富豪也不在少数。更何况，如果这个“备用克隆人”在一定程度上普及的话，还有可能大幅度降低成本，不仅是大富豪，小富豪也有可能拥有。

什么是人性呢？

那么，怎么看这个备用克隆人才好呢？

备用克隆人对谁都不会带来任何危害。如果备用克隆人能说话，人们就会有各种观点，但是备用克隆人没有意识。那么，制造备用克隆人是在“容许的自由范围内”吗？

不，这种行为并不在“容许的自由范围内”。即使没有给人们带来实质的伤害，也不得不说制造这样的克隆人仍然是不善的行为。但是，究竟为什么不善呢？如果你觉得制造备用克隆人不善，想要叙述理由的话，会说出怎样的话呢？

可以想象类似“荒唐至极”“天不怕地不怕”“任意妄为”这样的形容词会脱口而出。那么，说这些话的意图是什么呢？

你认为有问题的不就是品格吗？使用备用克隆人确实不会伤害任何人，更不用说通过器官移植还能救命。尽管如此，如果允许制造这样的东西，那这种行径还是过于“卑劣”了。如果无视这种卑劣行径的存在，人类也许已经不能再被称为人类了。

所以说，人类应该比其他任何事物更具有“人格”。人性不就是指具备相称于人类的一定的“品德”吗？在追求好的结果时，就算是极其自然的行为举止，也要控制在一定的范围内，使其维持在不会丧失人类品格的程度上。

确实，对于这样的想法，可能会被指摘是“半途而废”，或是“直观上的逃避”。此外，有人会认为，不论采取的手段是否卑劣，只要结果好就一切都好。

可是，仅追求结果而忽视作为人类的品格，应该不会被认为是“伦理应有的样子”。

当然，克隆人是否应该存在，目前仍没有确切的答案，毕竟还是要看读者本身是怎么想的。

04
人类是“了不起”的存在吗？

人道主义、人类中心主义

人道主义（人类主义）指的是什么？

即使不会对谁造成危害，用克隆人来培育器官也被认为是损害人格的行为。人道主义是以“人性化”为标准来衡量行为的善恶的。

也就是说，这里所说的“人性化”，对于人类来说是进行价值判断的“最高准则”或“重要因素”。这种观点一般被称为“人道主义”，人道主义也被译为“人类主义”。

伦理行为的主体是人类，伦理学中认为人道主义行为非常重要。

人道主义观点是批判人类遭受非人待遇时的理论依据。人道主义否定一切歧视。种族歧视是根据人类出身不同进行区别对待，进行存在或不应存在区分的非人类应有的行为，是违背人道主义基本原理的行为。“人人平等”的观点才符合人道主义。

人道主义和人类中心主义的区别是什么？

传统哲学中也强调了人道主义的重要性。这个时候的问题是，这个言论大多从“与 ×× 相比人类是什么”的角度进行阐述。本来，人道主义关注的是“人类内部”的问题，没有必要将人类与其他存在进行比较。但是，大多数哲学家认为，与人类以外的存在相比较，更能够强调人类的“独特价值”。

更加通俗的说法还有“与动物不同，人类有 ××”。例如，与动物不同，人类有理性。因此，人类是高等生物。这样的说法存在一个典型的问题，那便是为了抬高人类便贬低人类以外的存在——大多指动物。并且，过于抬高人类也容易出现对人类的“过度评价”。

说人类“有价值”是可以的，但是如果将此上升到“这世上人类最有价值”，甚至是“仅人类具有价值，人类以外的物体不具有价值”的话，人道主义就已经在向其他的观点——“人类中心主义”转化了。

人道主义和人类中心主义

也就是说，在传统思维中，人道主义容易被扩大解释为“人类中心主义”。而且，这两者往往容易混淆。但是，人道主义和人类中心主义是不同的观点，需要明确地进行区分。

人类中心主义不是人道主义，而是“Anthropocentrism”的译词。Anthropocentrism 是由代表人类的“Anthropocene”与“Center”、后缀“ism”组合而成的词语，如同汉字所写的那样，意思是人类中心主义。这个词语在伦理学中，特别是在环境伦理学中，是为了将包含在人道主义中的人类中心要素抽出而被使用的。

人道主义和人类中心主义在价值把握方面存在根本的不同。这究竟是怎么回事呢？

“只要是人”就具有价值

在伦理学中，思考价值时，通常会注意是否具有“内在价值”。内在价值是指事物本身具有的价值。而且，无论对本身以外的事物是否存在益处，其都具有价值。某个人具有价值是指无论对他或她的某个人有无益处，“只要是人”就具有价值。因此，人类具有内在价值。

对此，如果只是在有益处范围内具有价值的话，称之为具有“方式价值”，抑或是“工具价值”。我们在日常生活中接触的事物大多数仅具有工具价值。比如说损坏的电脑不过是个盒子而已。

如果仅承认某个人的工具价值，那么这个人对别的人所产生的益处就成为他的存在理由。这简直是奴隶般的处境。因此，承认人类的内在价值是人道主义的前提。对此，人类中心主义“仅对人类”承认内在价值，认为人类以外的存在全部仅具有工具价值。依据人类中心主义的观点，动物也被认为仅具有工具价值。

如果不是在战争等不得已的特殊情况下，杀人会被处以重罪。与此相比，动物则是以“吃”这个极其司空见惯的理由被杀害。如果承认动物也具有内在价值的话，它们就不会像现在这样轻易且大量地被杀害。

这样的人类中心主义所存在的更大问题是，认为不仅仅是动物，包含植物、无机物在内的整个自然环境都是工具。因此，人们将环境作为对人类有益处的自然资源，为了维持和发展生活而对其进行肆意开发。

这也是现代发生环境破坏的思想前提。

虽然人道主义（人类主义）和人类中心主义容易被混淆，二者却是完全不同的概念。人道主义作为伦理的前提非常重要，人类中心主义却并非如此，有必要像这样自觉地对两者加以区分。

小知识

保存与保全：环境保护的观点。保存认为应该采取尽可能不干预自然环境的方式来保护环境，而保全则是认为应该积极地采取手段用于预自然的方式来保护环境。两者虽时有对立，但原则上是根据保护自然环境的不同需要灵活地进行区分使用。

人类是动物是指什么？

人类中心主义所存在的问题是想要通过与动物的对比来刻意营造“人类独特价值”的论调。

这是将过去所说的“人类与动物本质不同”作为毫无疑问的前提，是来源于所有人的共同之处。人类和动物当然是不同的，即使说“与动物不同的人类是——”，任何人也不会提出疑问。

但是，现在情况发生了变化。

最新的动物相关科学对人类以外的动物，特别是人类所属的灵长类中的猩猩、黑猩猩、大猩猩、倭黑猩猩等“大型类人猿”与人类的相似性进行了论证。过去仅人类具备的特质接二连三地在大型类人猿，特别是其中被认为最接近人类的倭黑猩猩身上不断被发现。

这些特质中很重要的一项就是具备语言能力。当然，类似写文章这样的高难度语言能力仅人类具备，但是，广大的人类以外的动物也具备使用声音进行个体间交流的能力。特别是倭黑猩猩与人类通过手语交流的对话实验在持续进行。而且，较多的动物学家认同，倭黑猩猩和人类间的手语与人类同类间的手语性质相同。倭黑猩猩具备某种程度的会话能力的几率较高。因此，已经不能说语言是人类固有的特质了。

此外，人类的聚集不同于动物的“群居”，人类所构筑的高度的“社会”也是古典的“人类特殊论”的论据。但是通过对大型类人猿的观察发现，它们与人类同样具备相互关心这种个体间的关系。

在最新的研究中也发现，大猩猩等种类的动物生活在比人类更加细腻的人际（猩际）关系中。无论如何思考这些研究结果，都无法说仅有人类是“社会的存在”。

小知识

人类中心主义的环境论：与承认自然和动物内在价值的环境论相悖，认为只有人类才存在内在价值，应该为了人类自身而保护自然的理论。以约翰·帕斯摩（John Passmore，1914—2004）为代表，他们认为人类所需要的不是伦理原则的“革新”，而是将传统伦理“应用”于自然保护。

如此这样，在此之前作为区分人类与动物决定性指标的“语言”和“社会”，也已经无法再天真无邪地说它们是人类所固有的特质了。这意味着，人类不是从本质上与动物不同的特殊存在，“人类也是动物”。作为动物之一的人类，抛开其他的动物同类，只将自己作为这个地球的中心，为所欲为的行为确实有失风度。人类中心主义的人类观是通过将人类高傲化，进而剥夺人类的人性。

虽然是略带讽刺意味的说法，但是从人道主义（人类主义）的角度来看的话，人类中心主义也确实是不恰当的。

02 为什么人类拥有『权利』？

重言式、种族主义

人类被定义为人的原因

说人类不是区别于动物的特殊存在，而是动物的一种也不为过。

但是如果这样说，立刻就会有反对言论出现。有人会说，人类具有动物所没有的各种各样的特质。也有人会说，与其他物种相比，人类不是拥有权利、享有人权吗？

确实，人类享有人权。那么，为什么人类会拥有权利呢？

这个问题通常不会被问到，因为人类拥有权利被认为是理所当然的事情。可是，哲学是敢于怀疑人类世界的学科。如果是理所当然的，那应该有所有人都能够认同的答案。那么，那个答案是什么？恐怕答案会变成“因为是人类”。

但是，我们能说这是真正的“答案”吗？寻求“为什么人类拥有××”的答案，却得到“因为是人类”的答复，这其实只是简单的重言式（同义反复）。如果说“因为是人类”，那么任何事情都能够解释，而且说“因为是人类”，也不会出错。这虽然是绝对正确的话，实质上却什么都没有说明。

这个重言式也是非常危险的，因为它将重要的“只有人类才具备的本质理由”变得模糊不清。具备什么特质才为人类，未被明确定义，因此能够肆意地设定作为人类的标准。

曾经的大航海时代，殖民者残忍地虐杀了原住居民。为什么他们能做出如此不人道的事情？据说是因为他们没有觉得原住居民跟他们是同样的“人类”。

小知识

汤姆·里根（Tom Regan，1938—）：美国哲学家。一般认为彼得·辛格是动物权利论的代表者，但辛格是功利主义者，并不是严格意义上的“权利论者”，里根才是动物权利论的代表者。里根以义务论为基础，从权利论的立场出发，形成了一套拥护动物权利的严密理论。名字拼写是“里根”，但发音为“雷根”。

也就是说，将只有人类才具备的本质理由变得模糊不清，容易使“歧视正当化”。歧视之所以不合理，是因为没有正当的理由。但是，如果将理由变得模糊，即使是极其不合理的理由也会被强行正当化。实际上有相当多的歧视是通过这样的方式蒙混过关的。以肤色的不同来歧视其他人类是不合理的，但这是最惯用的种族歧视的理由。

不是仅有人类拥有权利

那么，这种与歧视理论相关联的“毫无理由的理由”不是人类拥有权利的原因，那什么才是人类拥有权利的“合理的理由”呢？

当然是以人类特有的特性和人类所具备的功能为基准的原因了。但是如此一来，正如之前所暗示的那样，仍然不明白为什么拥有权利的主体会被限定为人类。即使回答人类是由于具备语言能力等超高才智的存在才拥有权利的，那也不能说语言是人类固有的特性。

假如说成人类具有读写能力这样的高度语言能力，才使其成为拥有权利的主体会怎样呢？如果这样说的话，那么相当多的存在于世界之中的不能读写的人会失去权利，还没学习读写的孩子和已经忘记如何读写的患有阿尔茨海默病的老人也会失去权利。

小知识

大型类人猿计划：不只是单纯地保护大型类人猿，而是要赋予其与人类同样权利的计划。除了保护此物种自身的利益外，此计划旨在赋予大型类人猿不被人类干涉的法律权利。事实上，有些国家已经为此立法。据此，人类“利用”大型类人猿的一切行为将被禁止。此计划是动物权利论的实例之一。

假如再降低一些难度，让我们来看看他们是否至少拥有不能毫无理由地给能感知疼痛的存在带来痛苦的权利。可假如这样的话，很多动物也会拥有权利。感知疼痛是大脑的功能，没有中枢神经的植物当然感知不到，动物中类似昆虫这样的仅有微小大脑的物种也感知不到疼痛。可是，大多数的动物，至少哺乳类是毫无疑问能够感知疼痛的。那么，大家所饲养的狗呀、猫呀，也会拥有“权利”。

也就是说，摒弃“毫无理由的理由”，坚决探究合理的人权依据的话，恐怕无论提出什么理由，都会与“人类拥有权利”同样，不得不说“某物种的动物拥有权利”。

也就是说，我们在这里都面临着巨大的智力挑战——权利绝不仅属于人类。当然也可以一口回绝这个挑战，固执己见地说权利仅属于人类。可这样正好会陷入我们所告诫的思维方式——“歧视理论”中去。

事实上，在现代伦理学中，这样仅以人类为理由歧视动物的思维方式，是与“歧视女性的性歧视”“歧视有色人种的种族歧视”同样的歧视，是仅以物种不同为由提出不合理的“物种歧视主义”（物种歧视）理论。

小知识

物种歧视主义：这个词最早由英国心理学家理查德·莱德（Richard D. Ryder，1940—）提出，后被彼得·辛格广为传播。为了在回避物种歧视主义的同时主张人类的特权性，要否定人类和动物的共同性。事实上，也有哲学家牵强地认为即使是哺乳类的动物也感知不到疼痛。

当然，这只是一种意见，却是非常强有力的意见。因此，大多数的现代伦理学者对限定仅人类拥有权利的传统思维产生了怀疑。作为一个生活在现代的伦理学者，我也认为不应该限定仅人类拥有权利。

机器人拥有权利吗？

就算在拥有权利的存在和未拥有权利的存在之间划了分界线，可是仅人类拥有权利的主张仍然揭示了不得不陷入物种歧视主义的事实。那么，究竟怎样的存在拥有权利？

我们很容易设想到，像这样的划界问题很难作为绝对的标准。由于认同了人类的权利，一般认为拥有人类通常具备的诸项功能便拥有了权利存在的必备条件。

类似人类拥有感知疼痛这样的功能，还能列举出像“有时间感”“有感情”“能主动与外界交流”等各种各样的功能。如果列举的这些功能全部符合，又或是大部分符合的话，那么这个存在就会拥有权利。

像这样，对满足一定条件的存在认同其拥有权利，对象范围会涉及动物界。与其这么说，不如说无论什么存在，只要满足条件，就都拥有权利。假如开发出来与人类一样带有自我意识和感情的机器人，那理所当然机器人也拥有“权利”。

如果出现这样的新一代机器人，就会发生奇怪的现象。因为机器人是机器，当然会有任由机器人的所有者自由操作的开关按钮。这样一来，当打开机器人的开关时，机器人与人类同样有意识，它们有时会为自己是机器人而烦恼。当然，与自己的意识无关的按键被操作，按照主人的意志唤醒意识，或是意识被突然中断，也可能会成为它很大的烦恼之源。

机器人理应拥有“权利”，但实际上它们被置于的难道不是奴隶的境遇吗？拥有“权利”的存在，不能被当作奴隶来对待。被自己以外的某人所有，被所有者的意志支配的，不是拥有权利的存在。

小知识

划界问题：回避物种歧视主义、将人类以外的存在看作道德把握的对象或权利的主体时，在哪里划线区分的问题。由于随着基准的不同而变化，因此想要回避物种差别主义的哲学家之间也存在意见的对立。但是，不将大部分的一般作为食物的动物划归人类一侧，在这一点上达成了共识。

机器人作为一个自由的存在，不能属于任何人。如此一来，与人类同样拥有权利的机器人就不能有开关，就算有开关也不能让本人以外的人进行操作。

可是，这样的机器人可能存在吗？即使真的被制造出来了，也会被某个人拥有、支配。这样的话，机器人其实就是被剥夺了应享权利的悲哀存在，其制造本身就是严重的“权利侵害”。因此，即使有技术也不能开发这种机器人。

这是一种工程伦理（工程师伦理）的问题。为了提高人类的生活水平，总是无条件地促进技术的发展。技术发展直接关系到人类生活的便利程度，因此很难发现它所蕴藏的问题。但是，毕竟发展技术只是手段，如果妨碍到人类幸福生活这个目的，手段就会被限制。

即使技术上可行，但如果该技术会对人类的生活产生恶劣的影响，也一定会被禁止使用。

因此，不管是机器人还是其他发明，都必须拥有自己的权利，拥有权利才能被有尊严地对待。

03 以『自然』为中心的伦理学是什么？

个体论、整体论

从人类中心到自然中心

伦理行为的基础单位是“个人”，而思考“自由的个人应该做什么”是伦理学的一个重要范畴。

但是，在现今的情况之下，特别是环境破坏日益严重的情况下，有些伦理学者认为应该改变这种传统思维。如果不将以“人类”为基准的思维方式从根本上进行转变的话，现代的环境问题是无法解决的。由此有人提出了应该从“环境中心”的角度思考事物整体的问题。

他们认为伦理学应该从过去的“人类中心”的思维方式转

变为“自然中心”的思维方式。以自然为中心的伦理学是指，不将中心论点像过去那样放在作为个人的人类上，而是放在包含人类在内的“自然整体”上的思维方式。此时，人类说到底只是自然这个“整体的一部分”，并不是凌驾于自然之上或是处于其中心的特别存在。

甚至，在此之前的伦理学要求将“每个人”的存在作为价值的依据，认同个人的内在价值。相反，以自然为中心的伦理学认为，具有内在价值的不只是人类，而是包含人类在内的“自然整体”。假如人类脱离了自然，就会像手脚脱离身体会丧失功能一样，是无法作为个体存立于世的。说到底，人类只能作为自然这个整体的一部分存在。

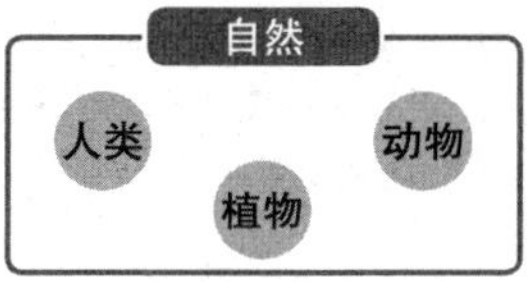

整体论的立场

是个体还是整体?

像这样，始终“将自然整体视为价值基本单位”的新伦理学的观点被称为“整体论”（Holism）。

与之相对，过去的伦理学是将“每个人作为价值的基本单位”，将每个人视为“能将整体还原的原子”一样的存在来对待。

从整体论的观点来看，过去的伦理学被认为是“原子论”。

其实，在此意义下的原子论不是通常所说的原子论，而应被译为“个体论”。归根结底，从以自然为中心的整体论伦理的观点来看，在此之前的伦理学为“要素还原主义”的思维所困。因此，一直被批判“评价过高”其实是存在于环境中的人类。

对人类评价过高的伦理与人类自我膨胀的行动结果——“环境破坏”密不可分。以自然为中心的整体论伦理学所提出的问题，与必须保护、培育环境，构筑和谐文明的未来时代不相称。其典型事例是被称为“土地伦理”（Land Ethics）的伦理思想。

小知识

奥尔多·利奥波德（Aldo Leopold，1887—1948）：美国生态学家。其专业不是哲学，而是森林监察。利奥波德过去作为优秀的自然杂志专栏作家广为人知，近年来作为环境伦理学的提出者被重新评价。利奥波德在美国非常有名，其后代子孙创建了财团。

何谓土地伦理？

土地伦理是美国的利奥波德所倡导的思维方式。

他倡导在土地伦理的前提下，“扩展共同体概念”。通常所说的共同体是指人类共同体，但利奥波德认为这是对人类过高评价结果的“偏见”。利奥波德所认为的共同体是将人类、动植物全部包含在内的作为环境整体的“土地”。人类并不是土地这个整体的特殊支配者，只不过是单纯的构成要素之一。

利奥波德的这个观点，可以说不是“从人类看环境”，而是反过来“从环境看人类”。他否定了过去仅仅立足于是否有用处这个经济的观点对待人类环境的方式，并对此进行了严厉的批判。他认为应该脱离完全工具化的传统思维，要自然地找到“内在价值”。

因此，土地伦理认为不应该将“对于人类而言的价值”作为价值判断的基准，而应该将包含人类在内的环境整体应有的状态作为价值判断的基准；认为不应该向人类征求善恶的基准，而应该向“生物共同体”（环境整体）征求。土地伦理对善恶提出了全新的规范判断标准，它认为将生物共同体的价值提高是“善”，降低是“恶”。

小知识

约翰·贝尔德·克利考特（John Baird Callicott，1941—）：美国哲学家。1971年克利考特在威斯康星大学开设了世界上第一个“环境伦理学”专业，被认为是环境伦理学的先驱。

注重环境与“厌恶人类”

提出如此创造性想法的利奥波德，其伦理思想在很长的一段时间内并未引起世人的注意。时代的发展未赶上思想的发展。在现代将利奥波德的伦理思想复兴，且重新将其评价为现代文明的全新基本视角，“环境伦理学核心”的伦理学家是克利考特。

克利考特将利奥波德的伦理思想进一步激进化了。克利考特完全否定了环境内部的每个生命体脱离环境后其自身的价值。他认为包含人类在内的每个生物，始终在其所属的“生物共同体的内部”，其价值随着其状态的变化上下浮动。

例如，在某个环境里比较“稀有”的生物被认为比同一环境内部常见的生物价值高，更何况是增长过多的生物。此观点认为，个体数与价值呈反比例变化。

这里所存在的问题当然是“人类”的价值。利奥波德视扰乱生命共同体和谐的事物为恶，列举了应积极排除的事物。个体数增长过多的物种，会危害到环境整体，因此他认为应当拉长其生长间隔。可如果这样的话，人类必须最先被拉长生长间隔，因为人类才正是扰乱环境和谐的最大元凶。

这样的思维方式在注重自然、以环境为中心的伦理思想上是常见的“厌恶人类”的表现。在此思想中，没有人类的地球才是最理想的环境。避开直面蕴藏在土地伦理中的厌恶人类、拉长人类的生长间隔，并不是利奥波德的观点，而是克利考特的观点。克利考特认为，如果将在某个生物共同体中的稀有动物与人类相比较，为了让稀有动物生存，选择牺牲人类也是不得已的事情。

小知识

环境法西斯主义：克利考特用“整体论”的观点批判了汤姆·雷根的原子论思维。这个观点并不是单纯的整体论，而是整体主义，由此开启了针对环境法西斯主义的批判。自此以后，环境法西斯主义成为对激进环境思想的常规批判。

正因为这样的思维方式，土地伦理学屡次被指责为环境法西斯主义。类似“为了环境，一切皆可宽恕”这样的言论被指责为不合理的极端言论。

假如考虑现代的环境问题，确实需要排斥人类中心主义的思维，但没必要将向个人索取价值的根据、认同人类的“内在价值”全盘否定。与其将这一点的认同作为前提与人类中心主义思维进行对比,倒不如将价值和权利的范围扩大到人类以外，这样更有说服力。我们现在一般认为，终究还是要以人道主义为基础，构建从人道主义观点出发的环境伦理学。

04 深层生态学和环境保护运动的关系是什么呢？

深层生态学与浅层生态学

过度的环境保护运动真的好吗？

在现代社会，环境问题的重要性毋庸置疑。因此，不分青红皂白否定整个环境保护运动的人几乎没有。可是，当运动方法过于极端甚至变为激进时，说法就会发生改变。

虽然在日本“海洋守护者”非常有名，但以诉诸武力为宗旨的环境保护团体在世界上也不在少数，以激进闻名于世的“地球优先”就是其中之一。

“地球优先”虽说是环境保护团体，却不是固定的组织。准确地说，它是一项以鼓舞世界各地的个人或小团体为了保护环境而动用武力，并且给予他们实施指标为宗旨的运动。它的目的是用武力阻止会导致环境破坏的自然开发事业。

诉诸武力的活动中，比较有名的是“故意破坏”（Monkey wrenching）。活动扳手（Monkeywrench）是将推土机之类的施工机器拆散的工具，是活动团体的象征。事实上他们不仅使用了活动扳手，还使用了各种各样的方法干扰施工，这种行为属于故意破坏。

当然，这些非法运动通常被认为是犯罪行为。但是，他们会以“地球优先”为理由进行申辩。对于故意破坏者们（Monkeywrencher）来说，认识到自己的行为是超越不当的现行法范围的“伦理实践”是非常重要的。此外，故意破坏始终是对物的恐怖活动，没有伤人的意图，因此也主张“非暴力运动”。

小知识

戴夫·佛曼(Dave Foreman，1947—)：“地球优先”的共同创建者之一，也是主要的理论家。他决定将深层生态学作为“地球优先”的公认哲学。在美国作为“激进环境保护运动”的标志性人物闻名于世。

“地球优先”除了故意破坏活动以外，也开展了各种各样的非暴力运动（也包含通常意义上难以言表的运动）。“人桩”就是其中之一。人桩是在施工现场打入桩基，然后将自己绑在上面与推土机等机械设备进行对峙的行为。这简直是拼命的行为。

另外，也有一些虽不是“地球优先”的运动家，却接受其支援、做出不可思议的事情的人。有一位叫茱莉亚·巴特弗莱·希尔的女性为了阻止开发活动，在开发现场的大树上搭建小屋，爬进去后的两年内一次也没下来。

“浅”生态学与“深”生态学

这里所存在的问题是，究竟是什么促使他们这样做？当然，这其中也有极其朴素的“正义感”或“危机意识”。即使是刚才所说的茱莉亚·巴特弗莱·希尔，仅就其所写的手记来看，并未发现她具有特别突出的哲学思维。

但是，环境保护运动家之中，追求坚实的哲学基础的人也不在少数。这其中由挪威哲学家奈斯提出的“深层生态学”被认为是“地球优先”的公认哲学，对“海洋守护者”影响深远。

深层生态学是由挪威哲学家奈斯所提出的环境哲学。深层生态学立足于捕捉以往生态学运动的 Shallow（浅）。

“浅层生态学”的推动是为了维持发达国家居民生活的便利性，预防发生自然资源枯竭等现象。我们通常所想到的“生态学”现象，一般都隶属于浅层生态学的范畴。

浅层生态学之所以 Shallow（浅），是因为它把自然环境看作专门为人服务的工具（手段）。也就是说，仅能认同自然的“工具价值”。

与之相对的“深”生态学是将自然本身的“内在价值”

认同作为出发点。损害自然内在价值的事物原则上必须全部排除。

因此，追求便利性的现行人类文明，需要从根本上变更为自然和谐的事物。深层生态学特别强调了要防止人口过快增长和大幅削减人口。

小知识

阿伦·奈斯(Arne Naess，1912—2009)：挪威哲学家，倡导深层生态学。众所周知，挪威人民珍惜自然环境，重视接触自然的娱乐活动。在这种意义层面上，提倡深层生态学的奈斯在挪威已不是单纯的哲学家，而是超出了此范围的国民英雄，在“挪威代表人物榜”上占有一席之地。

尝试体会岩石的心情

这样的深层生态学的核心，与取代人类将生物共同体作为价值判断基准的利奥波德，以及站在“厌恶人类”的环境中心主义观点的克利考特之流的“土地伦理”相重合。

但是，对于仍停留在哲学思想阶段的深层生态学，本质是一种哲学学说，也是一项实践运动。也就是说，深层生态学既是环境哲学也是运动。

作为运动的深层生态学，非常注重培养环境保护运动家或者环境保护意识强烈的市民。在培养这些人的过程中，“研讨会”便是一种比较有效的方法。

该种研讨会有以下这些内容。人数较少的团体去山野之间远足。在合适的场所安顿下来后，参加者各自寻找中意的自然物体。例如，如果眼前有块很大的岩石，参加者就将意识集中到这块岩石上进行冥想。在冥想时，努力将意识与岩石融为一体。

之后，在当天夜里，参加者以给自己挑选的自然物体代言的方式进行谈话。岩石自身因为人类的开发受到了怎样的伤害，参加者通过体会岩石的心情进行诉说。

研讨会所带来的影响是什么？

举办研讨会的目的是让参与者的意识发生根本性改变。在此之前的自然是“客体”，它只不过是被人类这个所谓的“主体”使用的手段。举办方就是想要通过研讨会的方式改变人们这种意识。通过这种方式，原本的自然客体与人类主体合为一体，让人类主体真实地去体会自然的“痛楚”。也就是说，被打碎的岩石现在也是人类本身。

对于通过研讨会已经完成意识变革的人们，会感觉所谓的环境破坏是对自己本身的攻击。

对于他们来说，鲸鱼不是单纯的动物，树不是单纯的植物，它们是自己本身的分身。用鱼叉叉鲸鱼、用电锯锯树的人，就像是在自我毁灭。

当然，并不是所有环境保护运动家都是这样的想法，但怀有类似想法的环保运动家也不少。因此，我们应该知道深层生态学使“坚定的环保运动家”不断涌现。

关于这一点，日本基本没有进行报道，所以大家一般都不知道。但是，我们应该知道，对现代的环境保护运动最具有影响的环境思想应该是深层生态学。

可持续性发展

严重的问题——全球暖化

随着深层生态学这样激进环境论的兴起，与之相对的环境破坏状况也日趋严重。

环境破坏虽然有着各种各样的表现，但作为其典型事例最严重的表现是“全球暖化”。

全球暖化是指在短时间内地球整体的平均地表温度上升。地球自身虽然在漫长的天体史中经历过大幅度的气候变化，但无论哪种变化都是经历了长时间才发生的。可是，在现代出现的以 50 年、100 年为单位发生变化的全球暖化，其时长仅相当于自然历史的一瞬间。在这样短的时间内就发生气候变化，在自然历史上也是未曾出现过的。

全球暖化的原因虽然众说纷纭，但被人们普遍接受的定论是，以二氧化碳为主的温室效应气体的排放和自然开发导致的森林减少相结合，致使大气中的温室效应气体浓度升高。

不过，社会中也存在几个反驳论点，其中最具有说服力的是“太阳活动说”。它认为现在正值太阳活动偶尔活跃的时期，即使人类不存在，地表温度也会升高。

这样的非人为说作为具有说服力的反驳论点曾一度被人们接受。然而，在 IPCC（联合国政府间气候变化专门委员会）的第四次报告书（2007 年发布）中，该学说遭到了否定。

所以，人类要背负起用自己的双手来解决自己所引起的全球暖化的重任。

思考自然能源的活用

“化石燃料的消耗”被认为是导致全球变暖的主要原因，解决全球暖化最重要的方法便是削减“化石燃料的消耗”。为此，需要找“替代能源”。

利用原子能发电虽说不会排放温室效应气体，比较清洁，但众所周知，这种发电方法本身就有相当大的危险。

另外，使用后的燃料需要进行半永久的管理，产生这种废弃物的发电方法其实是“将这一代的债加诸后代身上”的行为。因此，用原子能发电取代火力发电应该不是大家所期望的选项。

“太阳光”“水力”“风力”“地热”“雷电”等“自然能源发电”，应该灵活运用起来。可是，自然能源发电与火力发电、原子能发电相比也存在绝对输出功率较小的缺点。

自然能源发电的缺点是输出功率较小

虽然近几年太阳能电池和风力发电的技术处于快速发展的阶段，但是想要取代火力和原子能的能量并不容易，因为这需要在街道的屋顶全部铺设太阳能电池板，在街角各处安装风车。也就是说，想要转换为自然能源为主的发电方式，其前提是要降低所需的电力总量。但这是非常困难的事情。

我们所属的社会，希望“生意好”，不希望“生意差”。要尽早摆脱经济不景气的恶，尽量延长经济景气的善。经济景气状态下，社会整体的生产能力会有所提高。这样持续下去，社会所需的电量也会不断增加。当然，随着技术的进步，能量效率也会提高，但只要社会整体呈上升趋势，通过技术层面能够解决的问题终归有限。

经济持续增长

穆勒认为，过度的经济增长所带来的物质过度富裕，反而会导致人们走向颓废。这会导致社会走向悲惨的“停滞”状态。

在那之前，在适当的阶段改良社会的状态，以期进入理想的“稳定状态”。

穆勒虽然没有预见地球的环境问题，但在提倡经济增长的时代中，他是一位大放异彩的人物。

小知识

稳定社会：不追求经济增长的社会，亦可称为“零增长社会”。此前的社会以增长为基调，持续增长是社会健全性的保障，但稳定社会是经济不增长也能够克服失业和贫困的社会。虽说稳定社会是人类今后要努力的目标，但其具体的模样仍处于摸索阶段。

但是，如今想要实现穆勒的理想有着令人绝望的困难。为了能够步入稳定社会，就要“完全控制自己的生产力”，但这在受行情波动影响的社会中是不可能的。

我们一直这样做能行吗？这样的疑问，是全球变暖对经济持续增长提出的根本性质疑。

全球暖化提出了“将物质的增长作为正常状态”的资本主义是不是无法实现永久的经济秩序，也无法实现可持续性发展的问题。

我们所追求的不就是代替资本主义的新社会吗？“新型社会主义”“可持续社会”等，是什么名称都可以。它不是经济增长一边倒的社会，而是通过调控生产力实现可持续发展的社会。

这样的社会果真能够实现吗？

人类克服了很多的困难，也为此做了很多探索。在期待人类睿智的同时，我们也只能尽自己的绵薄之力，在自己的能力范围内做应做之事。

06 为了思考生活方式而试着讲伦理

能源效率、二氧化碳排放量

为了未来的生活方式是指什么？

全球暖化的问题动摇了资本主义的地位。虽说如此，代替资本主义的新社会的具体模样仍未可见，其实现的可能性也尚不可知。

即使是这样，我们也不能绝望，因为绝望的生活不是“真正的人类的生活”。面对这样的现状，从伦理学的角度来说应该怎样做呢？伦理学认为，为了防止以全球暖化为开端的环境破坏所带来的损害，人类应该反思“自己能对这个地球做些什么”。

环境破坏所损害的是“未来”，是未来一代的“生存环境”。为了防止这些损害的发生，就要实现“可持续发展的社会”。为此，伦理学应做之事就是预先领会可持续的“未来社会应有的样子”，提出并实践新型的生活方式。具体来说就是摸索未来社会每个人所要求的“生活方式”，在现代预先对其有所领会。

来想想上班、上学或娱乐活动等所需的“出行方式”。日常大都是短距离或中等距离的出行，因此人们可以选择“步行”“自行车”“公交车”“私家车”“出租车”为出行方式。上班、上学时一般不会使用的出租车可以排除。

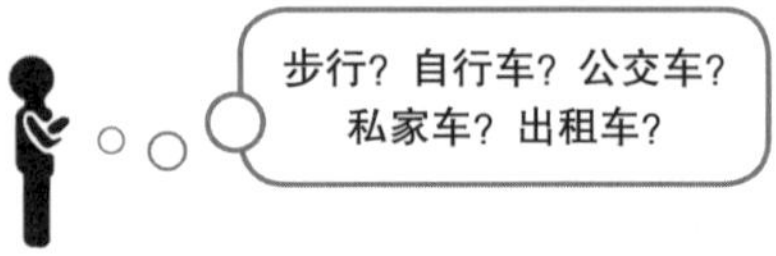

未来可持续的出行方式是什么？

这样说来，在“步行”“自行车”“公交车”“私家车”中能够做出最恰当的选择，从“可持续性”的观点来看，就是伦理上所期望的样子。

当然，所谓的“可持续性”观点是有多个指标的。特别重要的指标是资源浪费相关的“能源效率”和关联到全球暖化的“二氧化碳排放量”。

无论是哪一个指标，“自行车”都是效率最高的。因此，从伦理方面考虑应该尽量选择自行车。步行与自行车相比虽然能量效率下降了，但因为它是与自行车同样的仅呼气不排放的“清洁出行方式”，所以理所当然地成为必选项目。

但是，自行车或步行的移动距离是有限的。因此，我们做中等距离出行时不得不根据实际情况选择其他合适的交通工具。这样一来，接下来该选的就是“公交车”。公交车与自行车或步行不同，它虽然使用燃料，却是余下的选项中能量效率最高，二氧化碳排放量最低的交通工具。

“私家车”不仅能量效率低，二氧化碳排放量也最多，应列入最后考虑的交通工具。

私家车一般是司机一个人开车使用。仅为了一个人的出行，让差不多一吨重的交通工具运转，本身就是能量效率极其低下的方法。与其他出行方式一比，私家车的劣势就会很明显。

伦理上的实践也是“千里之行，始于足下”

因此，出行时尽量不使用私家车成为未来的一种生活方式。

当然，伦理范围要始终停留在“一般人常识性的努力下能够实现的范围内”。也就是说，如果住在不开私家车会非常不方便的地方，那当然是“可以开车的”。只是在这种情况下，也要尽量“选择二氧化碳排放量较低的车”。

如此一来真的可以减少二氧化碳排放吗？

“千里之行，始于足下。”即使每次都不多，但经过日积月累也能堆出一座大山。

尝试着用“自行车上班”代替“私家车上班”，可以考虑坚持十年。假设一年有二百天要往返十公里的路程，十年就是两万公里。绕赤道一周按照四万公里来计算的话，那这段路程可绕地球半圈。这样节省的汽油和减少的二氧化碳的排放量将非常大。这绝对不是“徒劳的努力”。

像这样，选择伦理学上最恰当的生活方式，并尽心将其实践，是伦理上仔细检验的“善生”应有的样子，也是活在人类的“被检验的人生”中。

小知识

汉斯·约纳斯（Hans Jonas，1903—1993）：出生于德国，后半生在美国度过的哲学家。在主要著作《责任命令》（1979）中，强调了确保未来一代绝对要存续的义务，影响了环境伦理学的发展。汉斯·约纳斯对生命理论性也有着非常重要的理论贡献。

05
基于伦理来思考社会准则

市场社会主义、生态学资本主义

“自由”是善的社会的最低条件

伦理学要解决的问题是人应该怎样生活。社会是由人组成的，人的生活受到“所属社会应有状态”的制约。当然，“何谓善的社会”也是伦理学的重要问题。

然而，最重要的问题是，明确表明不可以存在的“恶的社会”仍然存在，这个社会从一开始就被排除在选项之外。它是“压抑个人自由的社会”。例如，仅因批判政权就被逮捕、未经正式审判就会判刑的社会，即使该社会能够保障该政权支持者享有富裕生活，这种社会也不应该存在。因为它没有给人类相应的自由。

反过来说，就算人类在这个社会中享有自由，但如果因为极端的不公平导致相当多的人濒临死亡，这样的社会也不应该存在。因此，如果连活下去都不容易，那就无法“实现人类的善生”了。在此种制度之下，如果用伦理学来思考，应有的社会究竟是怎样的呢？下面尝试着进行简单的描绘。

无论如何，前文所述的“可持续社会”才是人类应该努力前往的目的地。现代社会也要因此被迫做出艰难的选择。

自由主义、自由至上主义

所谓自由

思考社会时除了要思考到底是资本主义还是社会主义以外，是“自由主义”还是“自由至上主义”也是比较重要的。自由主义和自由至上主义，都是以自由为目的进行的思考。从这个意义上来看，其实它们的本质是相同的。可是，量的程度不同使两种思想明显的不同之处浮现出来。

“Liberalism”被译为“自由主义”，“Libertarianism”被译为“自由意志主义”或“自由至上主义”。虽然这两个词在广泛的意义下都是自由主义，但从自由至上主义的角度来看，自由主义被批判为“仍未充分地尊重自由”。反过来，从自由主义的角度来看，自由至上主义被批判为“只不过是在过度地追求自由”。

可以说，自由主义是“不充分的自由至上主义”，自由至上主义是“过剩的自由主义”。

无论是自由主义还是自由至上主义，大多是肯定“市场竞争”的。在这种情况下，自由主义的主张是竞争始终应该公平地进行。所谓公平是指“在起点不得有障碍”。

小知识

约翰·罗尔斯（John Rawls，1921—2002）：美国哲学家。1971年发表的《正义论》引发了延续至今的规范伦理学的兴盛。它使“社会契约论”在现代复苏，奠定了自由主义的哲学基础。约翰·罗尔斯不仅对伦理学做出贡献，对政治学和经济学也产生了巨大影响。

形式上的平等反而是“不平等”？

孩子的学历与父母的年收入和学历息息相关是最近才被人们注意的现象。

高收入、高学历的父母热衷于孩子的教育，会花费相当多的教育费用。让孩子去私立的高升学率的学校就读，让孩子上专业应试补习班，对于低收入的父母来说是不可能实现的。没有接受过精英教育的孩子很难进入一流大学，那么“学历差距”会不断扩大。

不可否认，不管是谁只要达到合格线都能入学这一点上，考试是公平的。

可是，接受过精英教育的孩子的分数容易达到合格的标准，所以考试录用制其实并不公平。孩子无法选择父母的学历和年收入，所以也不能平等地享有优质的教育资源。

因此，自由主义希望能够“积极地纠正”这种不公平的竞争条件。给无论怎样正常竞争都赢不了的人送分，就是所谓的“平权运动”。

父母的年收入和学历是关系到个人隐私的事情，难以作为指标积极地进行采用，可是“人种和民族”的客观性就比较高。在以美国为首的大多数的多民族国家，根据人种和民族与学习能力的关联性，会采用“分数线错开”的考试录用政策。

从拘泥于形式的观点来看这是“不正义”的。可是，从自由主义的观点来看，这种方式保障了“实质上的平等”。

自由主义所追求的“大政府”

此外，通过平权运动，即使能确保“起点的公正性”，即使之后说“将一切寄托在竞争结果之下”，自由主义也不会觉得好。一旦一切都听从竞争的结果，那么就会出现胜者得到一切，败者失去所有，“赢家通吃”的结果。自由主义认为，败者也是人类，人类是有人权的，不能允许因为成了败者就陷入债务的困境。人权中有最低限度生活的生存权。因此，应该配备社会的“安全网”。

为了实施平权运动和构筑安全网，需要用累计课税“征税”及通过福利政策进行“税的再分配”。当然，这些都是对“大政府”的要求。事实上，所谓的福利国家，是指由再分配功能非常发达的政府所运营的国家。

小知识

罗伯特·诺齐克（Robert Nozick，1938—2002）：美国哲学家。撰写了反驳罗尔斯《正义论》的《无政府、国家与乌托邦》（1974），提炼了约翰·洛克的财产论，基于财产的“权利来源”奠定了政治自由至上主义的基础。

自由至上主义所追求的“小政府”

自由至上主义对这种自由主义特征的政策一概表示反对。它认为这是“多管闲事”。从自由至上主义者的立场来看，自由主义者追求的“弱者救济政策”反映出的是“极大损害自由的政策”。

自由至上主义者中也有人认为，从主张私人财产权绝对性的观点出发，以自由主义者的政策为前提的征税是对“财产权的侵害”。自己所拥有的财富，只要自己不同意，就不能转移到任何地方。也就是说，他们认为除非自己主动支付，否则不允许强制征收。

这样的“政治自由至上主义”将以强制纳税为基础建立的

自由主义国家看作反复不正当征税的国家。

因此，自由至上主义与自由主义形成了鲜明对比，自由至上主义原则上倾向于“小政府”的观点。

自由至上主义者中也有人认为，为了保障自己的生存，需要警察、军队等“最低限度的国家功能”。为了维持其正常运行而征收税金是必要的行为。

反过来，也有认为无论是何种规模的国家都是侵害个人自由的强制机关，不认同一切国家的“Anarchist”（无政府主义者）存在。

从这样的“Anarcho-capitalism”（无政府资本主义）来看，由国家担负的各种各样的功能应全部由民间企业承担。如果想得到警察的保护，需要各自缴纳签约费。不想缴纳签约费也可以，但如果遭到坏人的袭击也不能有怨言。

各种自由至上主义者的立场

从经济自由至上主义者的角度来看，人类自由的根据在于“自由的市场经济”。

因此，自由主义所追求的“Paternalism”（父权主义、温情主义），通过积极地介入市场，损害商业交易的自由。

那么，这样肆无忌惮的市场竞争不会引发以环境问题为首的深刻的社会问题吗？可是，信奉亚当·斯密的“看不见的手”的经济自由至上主义者，主张市场的自动调整功能能够解决任何问题。

并且，他们认为，任何不依靠市场的经济都不可能存在。

小知识

弗里德里希·奥古斯特·冯·哈耶克（Friedrich August von Hayek, 1899—1992）：奥地利出生的经济学家，1974 年获诺贝尔经济学奖，代表作有《通往奴役之路》《个人主义与经济秩序》等。他认为市场是超出人类智慧的“自发性秩序”，废除市场实施计划经济的“设计主义”必定会失败。

这样的自由至上主义与所谓的“新自由主义经济”关系比较亲睦。

但是，信奉“新自由主义经济”的“NEO-CON”（新保守主义）在歌颂自由市场的同时，又在支持强权主义国家（充当“世界警察”的美国），这一行为也被批判为折中主义。

更有趣的是，自由至上主义者之中也有既不向“私人财产权”也不向“市场经济”要求自由根据的人存在。

虽然通常自由至上主义是以“私人财产”和“资本主义”为前提，但是即使从这样的大前提出发也还是会有“自由的”自由至上主义者存在。

事实上，基本收入理论的代表人物范·帕里斯从“真正的自由至上主义者”的立场出发，解释了作为实现每个人“真正的自由”（real freedom）的制作前提的基本收入理论。

同样地，自由主义中也有因其所要求的“高福利政策”在资本主义范围内毫无希望，而致力于摆脱资本主义的“左翼自由主义”。并且，信奉左翼自由主义的人之中明确要求社会主义的也不在少数。

如此这样，学术界围绕着拥护资本主义和脱离资本主义，自由主义和自由至上主义展开了广泛而热烈的讨论，为人们思考理想社会时提供了重要的理论启示。

小知识

父权主义：来源于拉丁语的“pater”（父亲），是指像父亲对待孩子那样，不顾及本人的意愿横加干涉的态度或政策。如果态度适度可以说是为了照顾他人，可如果超越一定限度，就会打击到被照顾的人，甚至有可能剥夺他人的自由。善恶无法一概而论，应依据实际情况进行判断。

03 人类难道不是『团体』中的一员吗？

共同体主义、德行伦理学

“共同体”

关于资本主义还是社会主义，自由主义还是自由至上主义的讨论，是思考伦理上的理想社会时的重要对抗手段。此前的政治思想无论左派还是右派都同样重视个人，都以个人为视角判断事物。

当然，个人很重要，没有完全否定个人价值的政治思想家，姑且不谈法西斯时代，至少现代社会中没有这样的政治思想家。可是，无论个人价值有多重要，过度重视个人不是也会引起混乱吗？

人类是个人的同时，也是某个“共同体”（Community）中的一员。人类是超越人种和性别的“普遍”存在的同时，也是这些的“特殊”存在。人类的特殊性质很大程度上受到了每个人所属共同体的性格的影响。

“共同体主义”和“德行伦理学”

此前的伦理思想基本上都尽量无视诸多的个人特殊性格，而在净化“人类普遍性格”的基础上，质疑规范。

“Communitarianism”（共同体主义）看到了它的片面性。所谓的伦理规范，说到底就是共同体中的每个人，作为普遍的人类“具体的共同体的一员”，不能无视自己的特殊性格，在自身所属的“共同体的传统”的基础上被提起。

小知识

迈克尔·桑德尔（Michael J.Sandel，1953—）：美国哲学家。他认为罗尔斯所依据的进行合理选择的个人是忽略历史和文化前后脉络的“无负荷自我”，这样的抽象规范不仅是罗尔斯也是自由主义的普遍缺陷。自由主义与将“作为深入共同体中存在的人类”作为基本视角的共同体主义相对立。

作为共同体一员的伦理，与其说是抽象规范的选择，倒不如说是具有能够履行共同体要求的“责任”的人格。也就是说，作为共同体的成员，被要求的规范是个“善邻”，那是称得上伙伴的“优秀人物”，值得信赖的具备“德行”的“有德之士”。

在不是个人而是以所谓共同体的“整体”为基准这一点上，

共同体主义与环境论的“Holism”(整体论)如出一辙。事实上，整体论的代表人物克利考特一直在强调整体论和共同体主义的近似性。整体论也批判了以每个人为基准的传统志向。

此外，作为共同体的一员，不是要求遵从外部给予的“功利原则”“义务体系”，而要进一步陶冶融入自身内在的“德行”。这是与“德行伦理学”相关联的思考方式。

德行伦理学是指要求将“有德之士可能会做出的行为”作为选择行为基准的思考方式。因此，为了能够做出适当的选择，需要陶冶自身的德行。为什么这么说？因为如果自身不具备德行，就无法类推出有德之士的行为。

小知识

阿拉斯代尔·麦金泰尔（Alasdair Chalmers Maclntyre，1929—）：出生于苏格兰的美国哲学家，共同体主义和德行伦理学的代表理论家。他认为，在每个人所属的共同体中，应将人类作为生存在各自“故事”中的存在来进行捕捉，为了能够完成作为共同体一员的善生必须陶冶德行。

像亚里士多德强调的那样，习惯对于德行的养成很重要。无论是功利主义还是义务论，都与规范伦理学上的立场无关，符合的行动才是伦理学的前提。在此意义之下，无论哪种伦理学都必须同时具备德行伦理的一面。

但是，在将道德本身作为终极规范这一点上，有德行伦理学的独特性，也有将德行伦理学与功利主义、义务论相提并论，并作为独立的规范伦理学立场的分界点。

由于德行伦理学始终保持以德行为基准的规范伦理学的立场，所以与“共同体主义”并不相同。德行伦理学的学者也不必是共同体主义者。但是，德行伦理学和共同体主义都在迫使我们重新审视传统伦理观和人类观。

行为功利主义、规则功利主义

“最大多数的最大幸福”的意义

被共同体主义和德行伦理学质疑的“传统伦理”的一方之雄是在第 1 章中提及的功利主义。

功利主义是将“结果有用性”作为基准，它与我们的实际生活密切相关，是实用性较高的学说。可是，正因为如此，这种学说可能与我们日常的直观有差距。

功利主义将“最大多数的最大幸福”作为终极目标，将每个人作为“绝对平等的存在”。可以说，它是将每个人当作“集团构成单位”的伦理学说。并且，它忽视每个人的个性，用“均质个人的总和”来考虑社会整体。

功利主义将每个人的价值平分。也就是说，比起仅带来少数幸福的情形，带来多数幸福的结果要绝对优先。它不认同与使大多数人得到帮助相比，帮助少而特殊的人群是比较好的精英主义。

与帮助多数人群相比，帮助少数人群可能会发生以下情形。比如，少数人群中包含了能够救很多人命的“优秀的外科医生”。那么当我们审视未来时，就会看到这个“优秀的外科医生”也救助了很多人。

引发困境的思想实验是指什么？

功利主义一般都“结果至上”，手段的选择并不重要，不用基于目的去选择手段。

小知识

经验机器：由罗伯特·诺齐克提出的思想实验。如果像功利主义者所说的那样快乐是目的的话，那么像文字描述的那样，在可以度过梦幻般人生的模拟机器中一边打盹儿一边终结人生，岂不是“最幸福的人生”？该思想实验是对功利主义的批判。

作为功利主义中的“彻底的归结主义思想”所带来的“困境”而经常被讨论的，是被称为“生存彩票”（Survival Lottery）的思想实验。这个思想实验是由现代具有代表性的生命伦理学家之一的约翰·哈里斯提出的。

这是慢性的“移植用器官”不足的最终解决方案。

这个方案是指在全体居民中，电脑随机抽中的人将“作为捐赠者被杀掉”。被杀的捐赠者一个人的器官可以救活三个以上的重症患者。减掉这些不好的部分，剩下的就变成好的了，功利（归结）主义认为这种做法是善。

可是这样的政策会和我们的道德的直观产生强烈的违和感。我们即使认同所谓的结果是善，也无法接受这种杀害无辜之人的手段。因此，在这里产生了困境。

“生存彩票”实验

那么，怎样解决这个困境比较好呢？

一个方法是“不把这个当作困境”。实施这种政策的社会，从常识性的感觉来看像是死亡之地。可是，从功利主义的角度来看，这个直观事实上错误的社会却是“乌托邦”。

在这个社会里，主张必须基于“生命的绝对权利”“干涉的自由”等“个人的绝对性”来保护权利，完全没有“义务论”的思考。为什么这么说？因为所有的政策都以实现“最大多数的最大幸福”为目的。

因此，哈里斯论断，在这种社会中如果因为自己的号码被抽中了想要逃跑，或是以“谁都无权剥夺生命”的理由而进行反抗的人，应该会被视为杀人犯。

哈里斯认为，这终究只是思想实验，现实中这样的政策不可能实现。于是，他又提出了刚才所说的“生存彩票”弱化版本的反提案。以下是它的内容。

我们不能认同像“生存彩票”那样杀死活着的人，但如果把对象换成死者便不用顾虑那么多了。因此，他提出了应该强制性地把尸体作为捐献者使用的反提案。

也就是说，按照哈里斯的想法来实施的话，如果出于某些宗教上的或哲学上的原因，不想将自己的遗体作为捐献者提供的人应该会被认为是“利己主义者”了。

小知识

亨利·西季威克（Henry Sidgwick，1838—1900）：英国哲学家，是边沁之后最大的功利主义者。在其主要著作《伦理学方法》（1874）中构建了功利主义缜密的理论体系。虽然西季威克是谈到功利主义时无法避开的人物，但是他的著作无论哪一版的翻译都比较陈旧，基本无法使用，期望能够发行新的翻译版本来进行介绍。

像这样，对于信奉功利主义的人来说，即使某个人运气不好被抽中了，为了帮助别人，他“也应该欣然地付出生命”。

可是，事实上觉得“这样也可以”的功利主义者基本没有几个。再加上，这样的道德规范，终究会像反复陈述的那样，超出了我们所设定的“通过一般人常识性的努力能够实现的范围内”的“伦理界限”。

话虽如此，可是如果真的推广功利主义原则，那么即使是“生存彩票”或是类似极端情况的设定，应该都会变成“全部接受是理所当然的”。那要怎么办才比较好呢？

“规则功利主义”能够避开困境吗?

于是，为了遵循通常的道德直观，出现了将功利主义温和化的反提案，其中重要的一项就是“规则功利主义”。

规则功利主义是指，在功利原则的基础上创建“规则体系”，以期通过遵守规则实现“最大多数的最大幸福”的立场。在这种情况下，为了避开困境，前面所说的极端行为被清除出新建规则清单。这虽然是一看就会觉得好的方法，却会产生根本性的问题，即规则功利主义“果真能被称为功利主义吗”？

规则功利主义确实被大肆宣扬为在功利原则的基础上以实现“最大多数的最大幸福”为目的的原则。但是，规则功利主义的行动原则是“遵守规则”最重要。归根结底，如果本应是手段的规则成为目的的话，结果就会和“义务论”没有区别。

此外，过度地避开困境，与“结果上的效用”相比，在“优先平安无事”上设定规则的话，实质上可能已经不能再被称为功利主义了。总之，规则功利主义过度纠正通常的功利主义（相对规则功利主义，称为“行为功利主义”）的否定面，结果有很大可能会成为半途而废的“功利主义模仿”。

如果是这样的话，功利主义者还是应该遵照行为功利主义，不择手段地追求功利性。但是，如果这样，又会再次陷入熟悉的困境。

这样，虽然功利主义是具有魅力的、说服力强的学说，但为了能够成为实践的指标，我认为仍需要进一步对理论进行雕琢。

小知识

理查德·布兰特（Richard B.Brandt，1910—1997）：美国哲学家。他将规则功利主义体系化了。他认为，在行动与动机相关心理学理论的基础上，如果合理的话，人们可能会选择功利主义的道德律。

05 就算沉迷于赌博也随便吗？

愚蠢权

赌博之谜

因为人类是自由的存在，所以只要不危害到其他人，原则上做什么都可以，这一点在本书中强调了多次。因此，“就算沉迷于赌博也放任其自由”的说法便出现了。可是，即使这种观点没问题，赌博活动也并不可取。赌博为什么存在并让那么多的人沉迷其中呢？老实说，我并不是很理解。

“原则上不能赢”是赌博的本质。如果是赛马、赛艇、赛摩托、赛自行车这些“公营赌博”的话，输钱应该还可以理解，毕竟这些都需要巨大的设备投资和巨额的人工费用。这些费用都来自赌金。即使减去赢的部分的红利也还会剩下很多。只要剩余的不多，经费就无法筹措。于是大家就相应地在输钱。

很多人同时输钱与一个人长期输钱的原因相似。在一次的赌局中，有赢钱的人，就会有输钱的人。但总体来说，输钱的比赢的多。

用长远的眼光来看，每个赌徒通常是在分担赌博投资的本钱。当然，赢钱者也有，但毕竟是少数的例外。如果没有非例外的大多数人，赌博也不会得以维持。

这样看的话，从赢钱这个最初的目的来看，所谓的赌博可以说是一个相当欠缺“合理性”的行为。可是，即使是这样的行为，只要不伤害到其他人，就应该被允许。但是，赌博真的不会伤害到其他人吗？

赌博与动物、环境的关系是什么？

爱好赌博被认为是不伤害到其他人的一种“愚蠢权”的行使。可是，果真如此吗？

如果扩大这个“其他人”的范围，试着扩大到人类以外的“动物”或“环境整体”的话，就会明白不能这么说了。

首先，公营赌博中的赛马可以说是“虐待动物”。如果说“虐待”这个词表述得过于强烈的话，那么至少也应该是在进行竞技比赛时在伦理上没有善待动物。

赛马是擅长“快跑”的马，只为了能够搭乘轻量型的骑手疾驰而改良了品种。这种马不能用作观光时给游客骑的马，也不能用于拉马车，严酷的农耕工作更加不适合。也就是说，这种马是无法用于一般用途的存在。因此，除了少数取得了优秀的成绩作为种马被允许活下来以外，其他的都会在退役后直接被处理掉。

此外，赛艇或赛摩托在竞技的时候会排出大量的废气，称不上“环保”。也就是说，这种活动对于环境这个“其他人”来说，带来了很大的危害。

如此一来，就剩下“赛自行车”了。自行车比赛这项竞技是在人类之间进行的，不会伤害动物，也不会破坏环境。因此，热衷赌博的人只要在公营赌博中选择自行车比赛，在伦理上也可以说是恰当的。

当然，除了公营赌博以外，也要尽量选择不会伤害动物或自然环境的方式。例如，斗鸡或斗狗这种让动物之间进行争斗，更有甚者像斗牛这种让人杀死动物的竞技，应避免将其作为赌博的方式。

小知识

愚蠢权：所谓只要不给他人带来困扰，原则上做什么都可以。也就是说，认同人类具有做出对自己没有好处，甚至可能会给自己带来危害的愚蠢行为的自由。但是，这也存在限度的问题，不可能无限度地认同。

赌博的成瘾性

那么，如果是环境负荷较小的方法，就可以自由自在地被用于赌博了吗？

我们的周围有很多的嗜好品，这当中的大多数都具有让使用者“成瘾”的性质，诸如酒精、咖啡因。但是，这些又存在“程度”的问题。过度饮用咖啡，虽然会出现严重的上瘾症状，但不会引发人格崩塌、困在幻觉中、无意识杀人等一系列悲剧。

可是，所谓的“毒品”与这些却形成了鲜明的对比。“毒品”上瘾，不仅会危害自己，还可能危害他人。特别是海洛因、可卡因、兴奋剂等“硬性毒品”，经常伴随着使长期吸食着人格崩塌、诱发杀人动机等的危险。因此，世界上任何一个国家都对硬性毒品的使用进行了严格的管制（附带说一下，有些国家承认大麻这样的软毒品）。

回过头来再想想赌博，从赢钱这个原本的目的来看，说明它是一个极其有风险的行为。恐怕热衷于赌博的人们如果回头冷静地思考一下，应该会真实地感受到正在做不划算的事吧。

尽管如此，沦为赌徒、自取灭亡的人仍然接连出现。这应该是所说的赌博也具有引发上瘾的要素。事实上，实验结果表明，热衷于赌博时大脑的状态与吸食毒品时的状态相似。

问题是，这样的赌博上瘾是有多严重呢？不论赌博上瘾有多严重，但总不会像兴奋剂的长期吸食者那样受到幻觉的折磨，因强迫妄想引发杀伤案件吧。在此种意义之上，只要赌博上瘾不会对其他人带来直接的危害，就没有必要禁止、取缔一切赌博。

赌博与吸毒相似？

赌博的娱乐性过强吗？

但是，从对“自己”而非他人带来危害，或间接地也给“其他人”带来危害这点来看，赌博上瘾却不是可以作为“个人的自由”放任不管的问题。

事实上，因赌博产生的金钱浪费是“多重债务”出现的主要原因。可是，“多重债务”与“生活困难”不同，多重债务是因赌博产生的借款，原则上不能“自行破产”。也就是说，不能自行破产再“从头开始”，于是很多的多重债务者被逼自杀。

为了维护社会的“正气”，就算不将赌博禁止，也要对其进行严格限制。

为此，这种限制会使以赛马、赛摩托等公营竞技为首的“普通赌博”规模扩大；不能保护动物和环境的竞技大幅缩小。即使是自行车比赛，也不希望是作为赌博存在，而希望像棒球、足球那样作为真正的体育去普及。

如果想要满足侥幸心理的话，不用热衷于赛马等公营竞技，买彩票就可以了。

强娱乐性与一掷千金的惊险相结合的赌博方式，被认为对人类的精神刺激过于强烈，危险性较高。

知情同意权

“酒精依赖症”

除了赌博以外，戒不掉酒和烟的人也很多。酒容易让人上瘾，饮酒过度引发的“酒精依赖症”是依存症的代表症状。但“酒精依赖症”并不是那么容易形成的。一般不在长时间内持续“像灌水一样”喝酒的话，就不会形成“酒精依赖症”。

此外，酒精的分解能力有着显著的个体差异。所谓的“酒量差”一般是因为体内无法分解酒精。不喝酒当然不会形成“酒精依赖症”。反过来，酒量非常好的人也很难形成“酒精依赖症”。因此，“酒精依赖症”与酒量的关联性不是特别大。

“酒精依赖症”的形成必须连续多天体内摄入相当数量的酒精。在这种情形下，如果是摄入以啤酒为代表的“软性酒”，由于酒精含量少，所需数量庞大，事实上很难变成依存症。如果仅是摄入啤酒的话，需要每天摄取一打大瓶啤酒，这不论是体力上还是金钱上都是不可能的。

与此相对应地，以威士忌为代表的酒精含量高的“硬性酒”，少量饮用就能够摄取大量的酒精。大部分患有“酒精依赖症”的人都是由于硬性酒的过量摄取产生了依存状态。

由此看来，一般的饮酒者并不会形成“酒精依赖症”。只有极少的一部分饮酒者会形成“酒精依赖症”。虽然酒精依存会引起与硬性毒品依存同样严重的精神障碍，但酒精跟硬性毒品的性质完全不同。如果饮酒像硬性毒品一样会直接引发依存，酒就会成为类似兴奋剂的物品，肯定会被严格禁止。

事实上，适量饮酒可以使人精神放松，促进身体血液循环。也就是说，酒可以“适量”饮用，但需要进行“礼节教育”，让人们掌握这个适量 。

为什么会想要吸烟?

与能够适量饮用的酒相比，香烟是完全不同性质的产品。吸烟这一机制本身都不被人理解。

香烟就像它的学名“Nicotiana Tabacum”那样，主要成分是“尼古丁”。不吸烟的人的血液中尼古丁的浓度是零，尼古丁本身就是“毒物”。所以，吸烟就意味着毒物直接进入体内。所以，如果是健康的身体，通常会出现排斥反应。正因为这样，初次吸烟的人，会被强烈地呛到，心情变得不好。但是，如果不畏惧这样的排斥反应继续吸烟，不知不觉间大脑便会接受尼古丁。在此之前，大脑将血液中尼古丁浓度为零认为是正常的，之后却变成认为血液中溶入特定量的尼古丁是正常的。

由于尼古丁开始进入体内会立刻被代谢，因此短时间内血液中的尼古丁浓度会比较低。于是，大脑会发出要供给新的尼古丁的指令。这会引起“吸烟的冲动”，吸烟者便会点燃香烟。

吸烟机制

由此可见，吸烟并不是在“自己的意志”下吸烟，而是“香烟大脑”在无意识中让人吸烟。如果不吸的话，大脑会立即将其视为异常事态，不顾一切引发身体出现症状让人去吸烟。这是戒烟时的“脱离症状”，脱离症状一般作为“戒瘾症状”被熟知。

吸烟，其本身就是“尼古丁依存症”，经常吸烟的人是“尼古丁依存症”患者。也就是说，经常吸烟的人很明确是病人。因此，日本医师会认为吸烟也是一种病。可以说香烟的异常性是很明确了。变为酒精依存的仅是饮酒者中的一部分，但吸烟本身却是尼古丁依存的症状。因此，“烟酒”这个说法将异常程度完全不同的事物放在一起，是不恰当的。

香烟与知情同意权

可能有人会说，如果毒性不是很大的话，吸香烟也是可以被允许的行为。可事实上，香烟的毒性高得让人无法忽视。常说的“致癌物质”基本不存在于我们日常摄取的食物中。例如，具有代表性的致癌物质“黄曲霉毒素”，虽然存在于花生的霉菌中，但基本上没有人吃。也就是说，所谓的致癌物质，与我们的日常饮食生活几乎是绝缘的。

香烟中含有较多的“苯并芘”“亚硝胺”等致癌物。此外，还含有作为建筑物综合征的诱发物质比较有名的“甲醛”（福尔马林）和民众关注度较高的“二噁英”等有害物质。

可以说香烟在我们日常摄取的食物中，基本上是唯一具有明确的癌症诱发的食物。

因此，我觉得对待香烟的正确政策应该是明令禁止。但这并不是高明的办法。如果将香烟非法化，那么很明显黑市就会扩大。说到底只能逐渐减少消费量。

比什么都重要的是“未成年人的禁烟教育”。这么说是因为吸烟开始年龄与戒烟成功率成反比。过了二十岁才开始吸烟的话，戒烟相对容易一些，但如果是从中学开始吸烟的话，轻易是戒不掉的。虽然法律禁止未成年人吸烟，但是使香烟文化得以存续的主要原因是未成年吸烟者“绵延不绝”。

我们所要求的是对香烟的“知情同意权”。在未成年人成年后想要行使吸烟这个“愚蠢权”前要给他们提供充足的信息。

小知识

知情同意权：通常是在医疗领域需要患者做出选择时，医疗机关要向患者充分传达必要的情报并取得患者同意的权利，但也可以说是将概念扩展为了一般合同行为。服务提供者应当准确地将必要情报传达给服务接受者，引导他们做出合理的选择。

香烟是与通常的商品界限分明的异样产品。通常，想要卖某个产品时，将产品信息“正确”地传达给消费者，这是保障消费者选择该产品的重要前提。典型事例有家电产品等。在售价确定的基础上，再宣传这个产品有多么便利，可以决定销路好坏。反观香烟的话，没有正确地传达任何情报，可是销量却一直不错。

如果能够正确地传达香烟的主要成分尼古丁是什么，它对人体会带来哪些危害的话，普通人就会犹豫是否要吸烟了。

消费者拥有享受新事物的“权利”，也理应知悉该事物（商品）的正确信息。香烟也不例外。在刚开始吸烟时，告知消费者“香烟是什么”（提供正确的商品信息），是香烟销售者的义务。如果对未成年人的禁烟教育更加普遍化，那么未成年吸烟者的数量肯定会比现在有所减少。然后，可以想象，终有一天会减少到让香烟文化无法维系的程度。

07 为什么有必要学习伦理学？

伦理的生活方式是“愉快”

学习伦理学的意义是什么？

那么，本书终于要结尾了。书中虽然涉及了各种各样的问题，但这些只不过是触及了伦理学应该涉及问题的一小部分。本书特别加入了应用伦理学的讨论，但也涉及了伦理学等无法企及的领域的讨论。在已涉及的领域，对环境伦理学进行了比较详细的阐述，并非每一部分都仅描绘了表象就草草结束。

尽管如此，作为伦理学的入门书籍，如果能让大家留下诸如“原来所说的伦理学就是这样的”或是“原来在伦理学中是这样思考的”这样的印象，并让大家能够产生想要进一步去学习伦理学的想法，那么我觉得这本书就充分发挥了作用。

虽然想在这里重新说明一下“为什么要学习伦理学”，但如果你是从这本书的开头一直读到这里的话，我觉得没有必要再对这个问题进行说明了。

在本书中，我在讲述关于日常生活中各类事情的“具体的原因”时，也提出了相应的建议。我想这些建议中既有大家能够认同的，也有不能认同的。

即使你不能接受我所说的，仅仅是“感情上”的反驳也不够。读到这里，我想你应该明白了，事实上这才正是本书想要传达的理念，也是学习伦理学的意义所在。

对于本书中所叙述的内容，作为作者的我当然渴望被认同，但更期望你们“深思熟虑后的认同”。与其接受未经思考就给予的认同，还不如接受经过深思熟虑的反驳。

也就是说，本书撰写的目的是让大家以本书为契机进行思考，并“能够提出自己的规范”。大家能够堂堂正正地提出自己的规范，才是学习伦理学的原因。

就像本书反复强调的那样，伦理规范没有“绝对的正确答案”，大家可以思考各种各样的事情。但虽说如此，也不是说想怎样思考都可以。为了不出现绝对不可能实现的脱离尘世的话题，要组织条理清晰的讨论，并在可实现的基础上提出观点和对策。

将这样的思考习惯化，不仅是思考，还要在自己力所能及的范围内付诸实践。这是作为作者的我对作为读者的你们的期望，同时也是伦理学对人们的期望。

伦理的生活方式让人“愉快”

那么，这样的伦理学究竟有着怎样的意义呢？

我在本书中说过，“被检验的人生比未加检验的人生更加意味深长”。我认为，努力好好生活的人生是被检验过的人生，被检验过的人生不是比未经检验的人生“更具深意”吗？

在我看来，人类是比从表面看起来更加“不理智”的存在，会在不知不觉中做了想都没想过的事情。事后被后悔折磨，屡屡问自己“为什么我会做出这么傻的事”。我觉得这一点都不稀奇，因为不理智是普遍的人类现象。

与此相反，伦理学，甚至是作为伦理学前提的哲学，都是尽可能地用伦理上的条理思考事物。因此，我认为学习伦理学有助于我们在为人处世的过程中和周围发生的事情中找到感觉，可以让我们在不知不觉中思考，“那样做比较好”“不，这样做比较好”，甚至在无意中通过“应该”的事物帮助自己得到合乎条理的答案。

伦理学能够让我们将自己的想法转化为清晰的意见，让我们脑中的烦乱一扫而光，变得“豁然开朗”。豁然开朗不是会让人感觉愉快吗？因此，伦理学是让人“愉快”的学问。

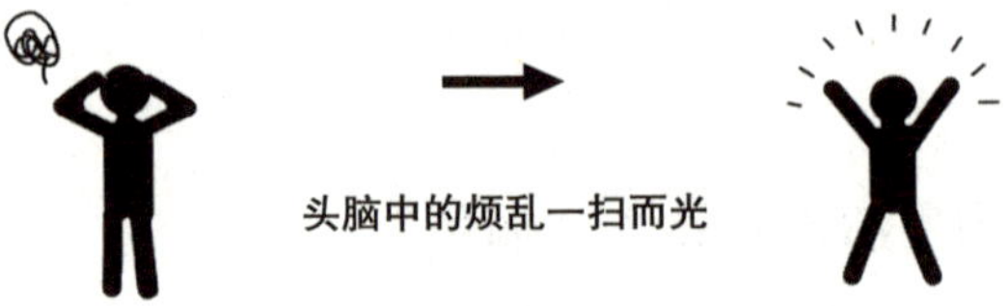

伦理的生活方式让人“愉快”

在多年前，我出版了一本风格比本书更加古板的环境伦理学的教科书。在那本书中，我用略微有些意气用事的腔调强调了“理论的首尾一贯性”的重要性，证实自己的行动是合理的伦理规范，强调了理论上不存在矛盾的实践的重要性。

即使到现在我还是觉得这个想法是正确的。但我想说的是，现在的我已经略微降低了调子，处处矛盾、有不合条理的地方也可以，总之能够稍微注意理论上的事情不是比较重要吗？

虽然大家对自己的人生或周边的事物时而欢喜时而愤怒，但如果觉得本书对于实现这个作为生活基调的“愉快的生活”能够略尽绵薄之力的话，对于作为作者的我来说这就足够了。

索 引

序言

每当说到“我做伦理学研究”时，就总是会被问：“是逻辑学吗？”（日语中，伦理学和逻辑学的日文汉字表示极为相似，分别为“倫理学”和“論理学”）曾经我订的名片，还被错写成了“专攻逻辑学”。那么，伦理学是研究逻辑的吗？这么理解虽不为过，但仍稍显欠缺。即便如此，也并不意味着伦理学没有逻辑学重要。恰恰相反，伦理学非常值得我们重视。

之所以这么说，是因为伦理学是一门关于“使人成为真正意义上的人”的学问。亲善避恶，就是其中一个重要的因素。而伦理学研究的主题，正是看清这“善恶”。

那么，学习这些有什么意义呢？

很多人可能不禁会产生这样的疑问。诚然，一个成年人即使学习了伦理学，它的作用可能也并不会直接体现在诸如帮助人们 “提高工作效率”等方面。那么，大家可以据此断定这门知识无用吗？我想恐怕不能如此一概而论。

伦理学研究善的含义，以及人类应该具有的行为等。我认为我们有时应该停下来，把我们的思绪交给这种根源性的问题，也许就会从中得到其赋予我们人类的某些类似“生命的厚重感”之类的东西。这样说似乎有夸口的嫌疑，但研究伦理学确实与提高“人品力”息息相关。

我认为通过学习伦理学而提高的“人品力”会给许多人带来极为重要的“不同”。并且，即便只收获一丝一毫，最终都会促成日常生活中“质”的提升。如果确实如此，那么学习伦理学就绝不是“无用”的。

同时，我认为伦理学能给予学习者快乐。

在现在这个复杂的社会中，我们每天都会遇到各种各样的问题。其中很多问题不容忽视，特别是关系到自身的重要问题。

对于这些问题，我们应该都想明确地说出“应该如何做”。比如，遇到这样的事情，“它应该是这样的”；遇到那样的事情，“应该那样处理”，等等。但是这与内心想法不同，需要明确地表示出来，而有时无论如何都难以将其清晰地表述出来。那么，通过学习伦理学，我们就能用“语言”将其传达出来。

若我们能获得这种语言，将想法传达出去，那么我们不明朗的内心就会明朗起来，我们的视野也会因此变得清晰、开阔起来。并且，明朗的内心一定会充满愉悦！